太空奥秘

飞向太空的驿站
FEI XIANG TAI KONG DE YI ZHAN

牛 月／编著

U0311991

中国大百科全书出版社

图书在版编目（CIP）数据

飞向太空的驿站 / 牛月编著. —北京：中国大百科全书出版社，2016.1
（探索发现之门）
ISBN 978-7-5000-9805-8

Ⅰ.①飞… Ⅱ.①牛… Ⅲ.①宇宙－青少年读物 Ⅳ.①P159-49

中国版本图书馆CIP数据核字（2016）第 024458 号

责任编辑：裴菲菲　韩小群
封面设计：大华文苑

出版发行：**中国大百科全书出版社**
（地址：北京阜成门北大街 17 号　邮政编码：100037　电话：010-88390718）
网址：http://www.ecph.com.cn
印刷：青岛乐喜力科技发展有限公司
开本：710 毫米×1000 毫米　1/16　印张：13　字数：200 千字
2016 年 1 月第 1 版　2019 年 1 月第 2 次印刷
书号：ISBN 978-7-5000-9805-8
定价：52.00 元

前 言
PREFACE

　　几千年来，人类只能以肉眼观天看月。1609年，意大利著名科学家伽利略首先将望远镜应用于太空观测，遥远的物体看起来就更近、更大和更亮了。后来，英国著名科学家牛顿以反射面镜取代容易产生色差的透镜式望远镜，用于对宇宙太空进行观测。

　　在这之后，许多伟大的天文学家不断精心研究和改进光学望远镜，不断带来令人振奋的宇宙太空新发现，掀起一阵阵观星和科学研究的热潮。人们更希望看清宇宙太空的真面目。

　　经过三百多年的不断观测，人们不但对太阳系的行星有了大致了解，而且对于银河系等螺旋状星系、星云也有了更多认识。后来，环绕地球运行和观测的哈勃太空望远镜，因为没有地球混浊大气层的视野干扰和观测点条件选择的限制，成为有史以来最具威力的望远镜，使人们观看宇宙的视野发生了革命性的改变。但是，人们还是难以真正看清宇宙太空的面目。

我国"神舟"10号飞船圆满完成载人空间交会对接与太空授课，"嫦娥"号卫星即将实现月球表面探测，"萤火"号探测器启动了火星探测计划……我们乘坐宇宙飞船遨游太空的时候就要到了！

21世纪，伴随着太空探索热的来到，一个个云遮雾绕的未解之谜被揭去神秘的面纱，使我们越来越清楚地了解宇宙这个布满星座、黑洞的魔幻大迷宫。

神秘的宇宙向我们敞开了它无限宽广的怀抱，宇宙不仅包括太阳系、星系、星云、星球，还蕴藏着许多奥秘。因此，我们必须首先知道整个宇宙的主要"景点"。

宇宙的奥秘是无穷的，人类的探索是无限的。我们只有不断拓展更加广阔的生存空间，破解更多的奥秘，看清茫茫宇宙，才能造福于人类并对人类文明有所贡献。宇宙的无穷魅力就在于那许许多多的难解之谜，它使我们不得不密切关注和质疑。我们总是不断地去认识它、探索它，并勇敢地征服它、利用它。

虽然，今天的科学技术日新月异，达到了很高水平，但对于宇宙中的无穷奥秘还是难以圆满解答。古今中外，许许多多的科学先驱不断奋斗，推进了科学技术的大发展，一个个奥秘被先后解开，但又发现了许多新的

奥秘，又不得不向新的问题发起挑战。科学技术不断发展，人类探索的脚步永无止息，解决旧问题、探索新领域就是人类一步一步发展的足迹。

为了激励广大读者认识和探索整个宇宙的奥秘，普及科学知识，我们根据中外的最新研究成果编写了本套丛书。本丛书主要包括宇宙、太空、星球、飞碟、外星人等内容，具有很强的科学性、前沿性和新奇性。

本套丛书通俗易懂、图文并茂，非常适合广大读者阅读和收藏。丛书的编写宗旨是使广大读者在趣味盎然地领略宇宙奥秘的同时，能够加深思考、启迪智慧、开阔视野、增长知识，正确了解和认识宇宙世界，激发求知的欲望和探索的精神，激起热爱科学和追求科学的热情，掌握开启宇宙世界的金钥匙。

Contents 目录

太空星闪闪 ▌

Tai Yang
De
Zhen Mian Mu | # 太阳的真面目

太阳有多远

在宇宙天体中，太阳是最引人注目的。人们虽然同太阳几乎天天见面，但由于它时刻发射着刺眼的光芒，很难看清它的真面目。那么，今天就让我们一起来看一看太阳的真面目吧！

太阳距地球大约有1.5亿千米。可不要小看这个数字，它离我们的地球很遥远，如果我们乘坐时速2000千米的超音速飞机奔向太阳，也得花八年半的时间才能到达。太阳发出的光，以30千米/秒的速度传播，到达地球也得8分20秒钟。也就是说，我们在地球上任何时候看到的太阳光都是太阳在8分20秒钟以前发出来的。

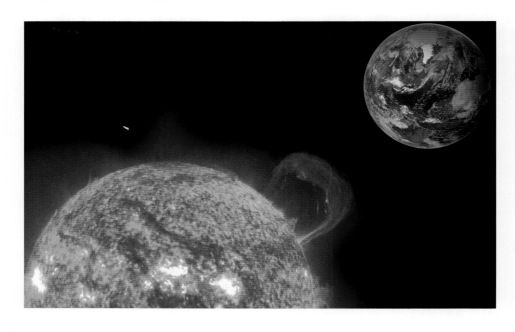

太阳有多大

太阳的大是难以用语言来形容的，相信只有数字才能真正体现出到底有多大。太阳直径为150万千米，是地球直径的109倍。如果把地球设想为一个软泥球，那么就需要有130万个这样大小的泥球搓在一起，才能与太阳一般大。

太阳的构成

或许有人会问，这么巨大的球体，究竟是什么东西构成的呢？我

星球名片

名称：太阳
分类：恒星
直径：1.392×10^6 千米
质量：1.9891×10^{30} 千克
位置：太阳系

们可以通过清晨太阳初升时那一轮红日的样子，以及它散发出的巨大热量，联想到它像一个被烧得火红炽热的铁球。但让人意想不到的是，太阳从表面到中心全都是由气体构成的。其中，最多的是氢和氦之类的轻质气体。当然，这并不是说太阳构成中就没有铁和铜之类的金属。

据科学预测，太阳表面的温度就有6000度，中心温度更高，可达1500万度左右。在这样惊人的温度之下，任何东西都以气体的形式存在。据光谱分析，太阳中除了大量的氢，还含有氦、氧、铁等70多种元素。太阳虽然完全是由气体组成的，可是气体在高温高压之下，越到内部就被挤压得越紧密，在中心部分气体的密度竟比铁还大13倍。太阳的重量相当于地球的33.3万倍。我们知道，太阳是由气体构成的，那么，它为什么不向四面八方的宇宙空间逸散呢？这是因为太阳的质量很大很大，而且它本身有着强大的引力，这样就会紧紧地拉住要逃散的气体。

其实，太阳在这一点上和地球一样，就像地球自身有很大的引力、会把其周围的大气圈紧紧拉住而不会散失一样。

太阳的形状

太阳空间是什么样子呢？也许有人会答：是一个发光的圆球。其实，人们用肉眼看到的那个发光圆球，并不是太阳的全貌，而只不过是太阳的一个圈层。人们把太阳发出强光的球形部分叫作"光球"。通常人们所能看到的只是这个光球的表面。在光球的表面，常常会出现一些黑色的斑点，事实上这是光球表面上翻腾的热气卷起的漩涡，人们称它为"黑子"。

这些黑子的大小不一，小的直径也有数百至1000米，大的直径可达100000千米以上，里面可以装上几十个地球。黑子有的是单个的，但一般情况下都是成群结队出现的。在这里，我们所说的黑子实际上并不黑。

黑子的温度高达4000至5000度，也是很亮的。那么，为什么叫它黑子呢？这是因为光球表面的光比黑子更亮，所以在光球的衬托下，它才显得比较暗。

在太阳光球表面上，我们还可以看到无数颗像米粒一样大小的亮点，人们称它们为"米粒组织"。它们是光球深处的一个个气团，被加热后膨胀上升到表面形成的，它们很像沸腾着的稀粥表面不断冒出来的气泡。

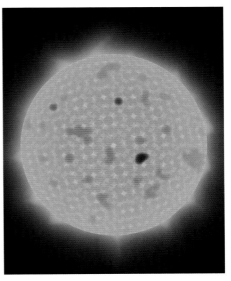

这些"米粒"的直径平均在1200千米左右，相当于我国青海省那么大。由此可见，光球的表面并不是很平静，如果说米粒组织是光球这一片火海上汹涌的波涛，那么黑子就是太阳上巨大的风暴。

太阳的光环

太阳光球外面的部分是我们用肉眼看不见的。只有当日全食时，光球被月亮遮住了，变成了一个黑色的太阳，我们才能看到紧贴光球的外面包着一层玫瑰色的色环，厚度大约有10000千米。人们把包在光球外面的这个圈层叫作太阳的"色球层"。色球层相当于太阳的大气部分。

如果再仔细观察，就会发现像火海一般的色球层表面，往往会突然向外喷出高达几万千米的红色火焰，其形状有时像一股股喷泉；有时则呈圆环状；还有的呈圆弧形；也有的像浮云一样漂浮在色球层的上空。我们把这种现象叫作"日珥"，其实它就是温度很高的气团。

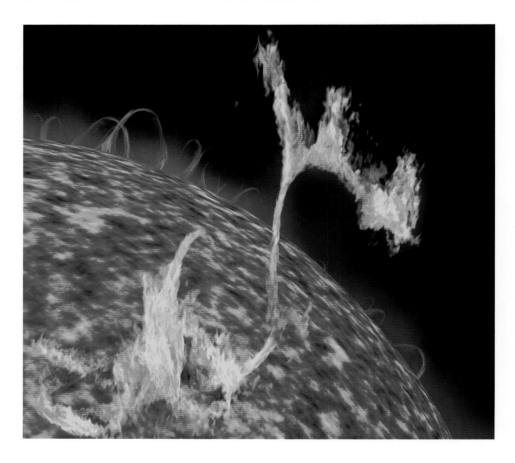

太阳除了围绕银河系的中心公转，还不停地自转。

但是，由于太阳是个气态球，它的自转不像固态的地球那样整体旋转。人们往往通过观测太阳黑子的移动，知道太阳赤道附近转得快，越接近两极转得越慢。可见，太阳表面各处自转的周期是不一样的。在赤道上，太阳自转一周需25天，在纬度45°处则需要28天，在纬度80°处需要34天。

我们知道，太阳表面的温度很高，人类的任何探测器都无法靠近它。我们现在所了解的，只是通过光谱分析所得。所以说，今天我们仍没有完全揭开太阳的真面目。

在色球层和日珥的外围，还有一层珍珠色的美丽光芒，我们称它为"日冕"。日冕逐渐过渡到星际空间，外边界难以确定，它可向空间延伸百万千米。

日冕也没有一定的形状，它的高度和形状都随着光球上黑子出现的多少而变化。日冕也发光，但比太阳本身要暗淡得多，所以通常看不见它，只有在日全食时，才能看到。日冕也叫太阳白光，是一层稀薄的气体，扩散在太阳周围。这种气体也和光球一样，绝大部分是氢气，掺杂着一些氦气。同样，日冕的温度也很高，大约有100万度。

太阳的运动

太阳是太阳系的中心，但它并不像哥白尼说的那样是静止不动的。

Bian Huan Mo Ce
De
Tai Yang

变幻莫测的太阳

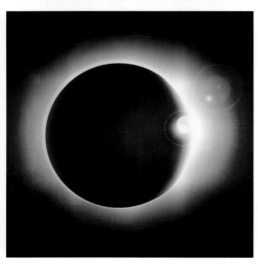

惊现蓝色太阳

　　1965年的春天，北京上空出现了一次特大的沙尘暴，顷刻间天昏地暗，黄沙滚滚，粉末似的黄土簌簌地从空中洒落下来。顿时，人们发现了一个奇怪的现象，太阳忽然失去了原有的耀眼光芒，变成了蓝莹莹的，直到沙尘暴过后才慢慢恢复原状。

　　1883年，印尼喀拉喀托火山爆发，火山灰飘到地球大气层高处，当夜人们看到的月亮也是蓝色的。

绿太阳奇观

　　如果运气好，还可以观赏到绿太阳。七彩光轮相互重叠产生的白光，在太阳的上、下边缘，光轮的颜色不混合，在太阳的上缘呈蓝色和蓝绿色。这两种光穿过大气层时命运是完全不同的。

上图：蓝色的太阳（电脑模拟）

下图：绿色的太阳（电脑模拟）

　　当蓝光受到强烈散射时，几乎是看不见的，而绿光就可以自由地透过地球大气。也正因为如此，才可以看到绿色的太阳。

太阳和月亮变蓝的原因

　　太阳光大多是氢氦原子的电离光波，接近蓝色频区。因为它太亮，直接看起来是白色的。在穿过大气层的时候，被空气吸收产生频率红移，人们在早晚看太阳是红色的就是这个原因。在沙尘暴天气，空气中沙尘粒子对红色光波吸收能力较强，所以太阳看起来是微弱的蓝色。从天文科学观点分析，月亮颜色与其反射太阳光的原理有关。在通常情况下，月亮发出珍珠白的颜色，有时可见淡黄色。月亮只有在一定情况下呈现出蓝色。

　　据物理学家介绍，如果大气层中悬浮有大量的灰尘颗粒，并且在大气中还要夹杂着小水珠的情况下，月亮看上去才会是蓝色的。

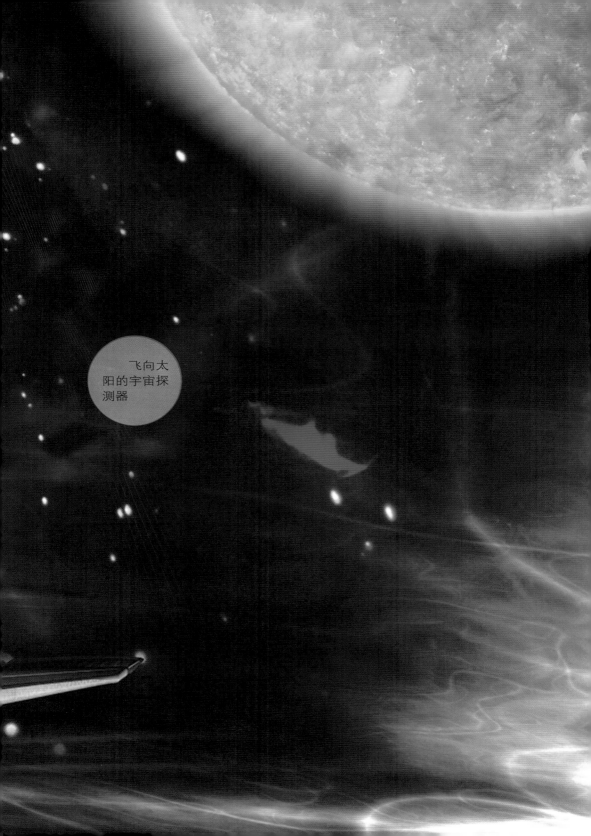

飞向太阳的宇宙探测器

观看绿太阳的条件

能够看见绿太阳，需要天时、地利、人和。

天时：是指日落时，太阳黄白色光没多大变化，并且在落山时鲜艳明亮，就是说大气对光吸收不大，而且是按比例进行的。

地利：是指观测点适当，站在小山丘上，远处地平线必须是清晰的，近处没有山林、建筑物的遮挡，如大草原上。

人和：在太阳未降落到地平线时，不能正视太阳。当太阳快要沉没时，只留下一条光带，就应目不转睛地注视太阳，享受美妙的一瞬间，也就是观看绿色闪光。但是，它的出现不会超过 3 秒钟，留下的印象却永生难忘。

我国古代人的观察

传说我国在公元前27世纪帝尧时，已经有了专司天文的官员——羲仲，他负责观象授时，由于有一次预报日食出了差错，被帝尧处以死刑。帝尧曾派羲仲到山东半岛去祭祀日出，其目的是为祈祷农耕顺利。当时已用太阳纪年，一年为365天。

公元前600年左右的春秋时代，人们能够用土圭观测日影长短的变化，以确定冬至和夏至的日期。我国的甲骨文中还有世界最早的日食记录，即发生在公元前1200年左右。大约从魏晋时期开始，人们就能比较准确地预报日食了，并且逐渐形成了一套独特的方法和理论，这也是我国天文学史上一项重要的成就。

太阳对于生活在地球上的人们，乃至地球上的一切，无疑是非常重要的。现今，把太阳作为远离地球的天体来研究已经有了日新月异的发展，有关的太阳知识也日益丰富和准确起来。

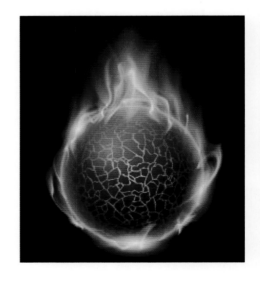

发现"四方形"太阳

我们所看到的太阳总是圆的，但有人确实见到过方形的太阳。

1933年的夏天，学者查贝尔来到高纬度地带观察夕阳的变化。他希望能够看到一种奇异的景象，然而，3个月过去了，什么也没看到。

9月13日傍晚，查贝尔照常观测着。就在太阳快要落下去的时候，奇景出现了：又大又圆的太阳变成了椭圆形，不久，太阳的下侧像用刀切过一样，变成了一条和地面平行的直线。接着，上面的圆弧也渐渐变得平直，最后也成了一条直线，太阳变成了一个"四方形"的太阳。查贝尔兴奋极了，迅速按动照相机快门，拍下了这一珍贵的镜头。

查贝尔的发现引起了许多人的关注，他们争先恐后地赶到这一地区来观看这种奇特的景象。但是，能看到这一奇景的机会并不太多，拍摄到照片的就更少了。日本学者在北极地区有幸目睹了这一奇观，并拍下了太阳由圆变方的一系列镜头。

再次惊现"方"太阳

2003年10月18日17时，湖南省长沙一中初三学生邓棵无意间看到一个奇特的天象——天上的太阳竟然是方的。邓棵家住长沙开福区松桂园附近。当时，他做完作业到外面休息，抬头看了看夕阳，突然发现有点不对头，太阳好像有点偏方形的感觉。于是，邓棵拿起随身携带的数码相机，

对准太阳进行了变焦拉近，结果发现太阳下部被削平一般，类似方形。他跟踪了约3分钟，找准时机拍摄下了一个最接近方形的太阳。

邓棵回去查找有关资料，得知这种罕见的奇观最早在1933年被美国的查贝尔拍到过，1978年日本人掘江谦也曾拍下来。后来，我国也有人看见过方形的太阳，但没拍摄下来。

"方"太阳形成的原因

1933年9月13日日落时，学者查贝尔在美国西海岸拍下了有棱有角的方太阳照片。当时太阳并没有被云彩遮住，为什么会变成方形的呢？

因为方形太阳是变幻莫测的大气造成的。在地球的南北两极，靠近地面和海面的空气层温度很低，而上层空气的温度高，从而使得下层空气密集，上层的空气比较稀薄。大气层有厚度，光透过大气层产生折射，日出和日落时太阳接近地平线，位置比平常低，是由于角度的关系，而地平线上时常有遮挡物，比如树、房屋、建筑，在海平面上没有，就看得清楚了。日落期间，当光线通过密度不同的两个空气层时，由于光的折射，它不再走直线，而是弯向地面一侧。太阳上部和下部的光线都被折射得十分厉害，几乎成了平行于地平线的直线，人们看到太阳被压扁，便成了奇妙的"方"太阳。

Tai Yang Ye Chu

Qi Guan

太阳夜出奇观

晚上出现的太阳

在现代，"太阳夜出"的现象曾频频出现。1981年8月7日晚，四川省汉源县宜东区某村，人们在村旁的凉亭里乘凉时，发现天空越来越亮，一个红红的火球从西面山的背后爬出来，放射出耀眼的光芒。

1989年8月7日晚，江苏省兴化市唐刘乡姜家村西南方向约1000米远、20米高的空中，出现了一个圆圆的火球，火球像太阳一样放射耀眼的光芒，河水都被映得火红一片，大约持续了10分钟。当时那个村有近千人目睹了这一奇观，但人们并不知道太阳夜出的原因。

上图：不可多见的夜出太阳奇观

下图：海上出现的夜出太阳景观

外国看到的太阳夜出现象

1596至1597年的冬天，航海家威廉·伯伦兹到达北极的新地岛时，恰好遇到了长达176天的极夜。威廉和船员们无法航行，只好等待极昼的到来。然而，在离预定日期还有半个月时，有一天，太阳突然从南方的地平线喷薄而出。人们惊喜万分，纷纷收拾行装准备航行，可是转眼之间，太阳又落入了地平线，四周又重新笼罩在漆黑的夜色中。

太阳夜出的原因

事实上这是不可能的。气象专家分析认为，夜里出现的太阳其实是一个圆形的极光，即冕状极光。专家解释，太阳表面不断向外发出大量的高速带电粒子流，这些粒子流受到地球磁场的作用，闯进地球两极高空大气层，使大气中粒子电离发光，这就是极光；当太阳活动强烈，发出的带电粒子流数量特别多、能量特别大时，大气受到带电粒子撞击的高度就会升高，范围就有可能向中低纬度地区延伸。

在天气晴好的夜间，一种射线结构的极光扩散为圆形的发光体，且快速移动，亮度极大，由此被人们误认为是太阳出现。也有的专家认为，夜出太阳其实是一种光学现象，到底是怎么回事，至今仍是个谜。

Tai Yang
Ji Guang
Yu Ji Yu

太阳极光与极羽

地球上的极光

1958年2月10日夜间出现的特大极光，在热带地区都能见到，而且显示出非常鲜艳的红色。这类极光往往与特大的太阳耀斑爆发及强烈的地磁暴有关。

2000年4月6日晚，在欧洲和美洲大陆的北部，出现了极光景象。在地球北半球一般看不到极光的地区，甚至在美国南部的佛罗里达州和德国的中部及南部广大地区也出现了极光。当夜，红、蓝、绿相间的光线布满在夜空中，场面极为壮观。

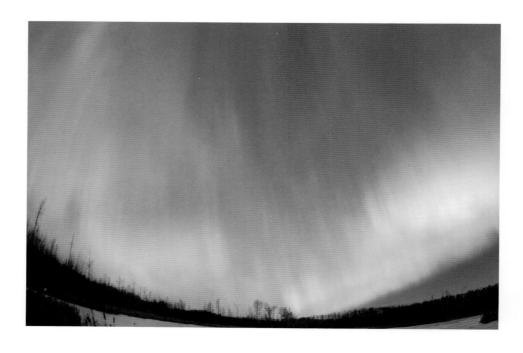

　　2003年10月30日，美国匹兹堡市出现了极光。虽然是在污染严重的市内，但仍能看到红色的光芒。

　　2003年11月20日傍晚，极光出现在匹兹堡南方地平线，一小时后消退，半夜时又出现在北方低空。2004年11月7日晚，较强极光出现在美国匹兹堡，肉眼能看出绿色、红色。

极光的形态和颜色

　　极光没有固定的形态，颜色也不尽相同，颜色以绿、白、黄、蓝居多，偶尔也会呈现艳丽的紫色，曼妙多姿又神秘莫测。

　　极光有时出现时间极短，犹如节日的焰火在空中闪现一下就消失得无影无踪；有时却可以在苍穹之中辉映几个小时；有时像一条彩带，有时像一张五光十色的巨大银幕；有的呈银白色，犹如棉絮、白云，凝固不变。

　　有的极光结构单一，形状如一弯弧光，呈现淡绿、微红的色调；有时极光出现在地平线上，犹如晨光曙色；有时极光如山茶吐艳，一片火红；有时极光密聚一起，犹如窗帘幔帐；有时它又射出许多光束，宛如孔雀开屏、蝶翼飞舞。

神秘壮观、多姿多彩的极光

虽然目前科学家已基本了解了极光，但极光仍留下许多难解的问题，需要人们继续探索。

关于极光形成的看法

长期以来，极光的成因机理未能得到满意的解释。在相当长一段时间内，关于极光的形成大致有三种看法。

一种看法认为，极光是地球外面燃起的大火，因为北极区临近地球的边缘，所以才能够看到这种大火；另一种看法认为，极光是红日西沉后，透射反照出来的辉光；还有一种看法认为，极地冰雪丰富，它们在白天吸收阳光，储存起来，到夜晚释放出来，便成了极光。

直至20世纪60年代，科学家将地面观测结果与卫星、火箭探测到的资料结合起来研究，才逐步形成了对极光的物理性描述。

极光的传说

极光这一术语来源于拉丁文伊欧斯一词。传说伊欧斯是希腊神话中"黎明"的化身，是希腊神泰坦的女儿，是太阳神和月亮女神的妹妹，她也是北风等多种风和黄昏星等多颗星的母亲。

伊欧斯还被说成是猎户星座的

上图：天文爱好者拍摄的红色极光

下图：天文爱好者拍摄的绿色极光

妻子。在艺术作品中，伊欧斯曾被说成是一个年轻的女人，她不是手挽个年轻的小伙子快步如飞地赶路，就是乘着飞马驾挽的四轮车从海中腾空而起；有时她还被描绘成这样一个女神，手持大水罐，伸展双翅，向世间施舍朝露，如同我国佛教故事中的观音菩萨，普洒甘露到人间。

因纽特人认为极光是鬼神引导死者灵魂上天堂的火炬，原住民则视极光为神灵现身，深信快速移动的极光会发出神灵在空中踏步的声音，将取走人的灵魂，留下厄运。

极光产生的原理

极光是来自地球磁层或太阳的高能带电粒子在极地高层大气中撞击原子和分子而激发的光学现象。由于太阳的激烈活动，放射出无数的带电微粒，当带电微粒流射向地球进入地球磁场的作用范围时，受地球磁场的影响，便沿着地球磁力线高速进入到南北磁极附近的高层大气中，与氧原子、氮分子等碰撞，因而产生"电磁风暴"和"可见光"的现象，成了众所瞩目的极光。现代理论认为，极光是地球周围的一种大规模放电的过

神奇的
太阳羽毛

程。来自太阳的带电粒子到达地球附近，地球磁场迫使其中一部分沿着磁场线集中到南北两极。当他们进入极地的高层大气时，与大气中的原子和分子碰撞并激发出光芒，形成极光。关于极光的产生，众说纷纭，无一定论，有待科学家的深入研究。

太阳的羽毛

1997年3月9日发生在我国北方漠河的日全食，让每一位亲临现场的观众都大开眼界，就在那一瞬间，明亮的天空被一道黑幕合上，太阳被月影完全遮掩。此时，人们惊异地看到了"黑太阳"周围一团白色的光圈，而且在太阳的上下两极地区，这层光圈内竟排列着一道道散放状羽毛样的东西。那么，太阳怎么会生出羽毛呢？

日冕的特征

在日全食发生时，平时看不到的太阳大气层就暴露出来了，这就是日冕。日冕可从太阳色球边缘向外延伸到几个太阳半径处，甚至更远。人们

曾经形容它就像神像上的光圈，它比太阳本身更白，外面的部分带有天穹的蓝色。

日冕主要由高速自由电子、质子以及高度电离的离子即等离子体组成。其物质密度小于2×10^{-12}千克/立方米，温度高达1.5×10^{6}至2.5×10^{6}开尔文。

由于日冕的高温低密度，使它的辐射很弱并且处于非局部热动平衡状态，除了可见光辐射外，还有射电辐射、X射线、紫外辐射、远紫外辐射和高度电离的离子的发射线，即日冕禁线。日冕的形状同太阳活动有关。在太阳活动极大年日冕接近圆形，在太阳活动极小年呈椭圆形，在太阳宁静年则呈扁形，赤道区较为延伸。日冕直径大致等于太阳视圆面直径的1.5至3倍以上。

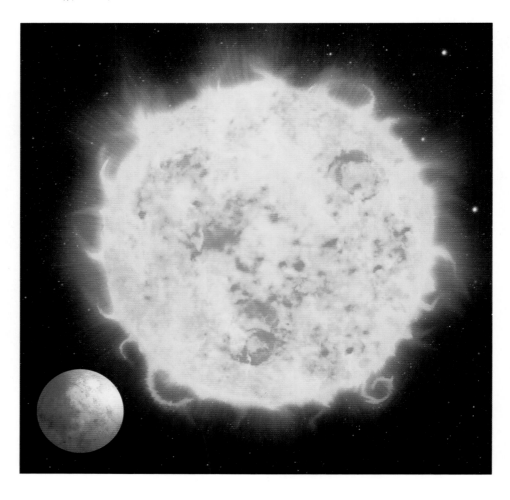

Huo Yue
De
Tai Yang Ri Er | # 活跃的
太阳日珥

人类早期的观测

太阳与人类关系最密切，它本身有着数不清的谜，日珥之谜就是其中的一个。在发生日全食时，人们可以清楚地看到，在色球层中不时有巨大的气柱腾空而起，像一个个鲜红的火舌，这就是日珥。

1239年，天文学家在观测日全食时就观测到了日珥，并称其为"燃烧洞"；1733年观测日珥时，将其称作"红火焰"；1824年观测日珥时，日珥又被想象成太阳上的山脉。

1842年7月8日，对日全食观测留下了最早的、明确的日珥观测记录。

1860年7月18日，日全食时拍摄了日珥的照片。1868年8月18日，日全食时拍到日珥的光谱，确定了日珥的主要成分是氢。

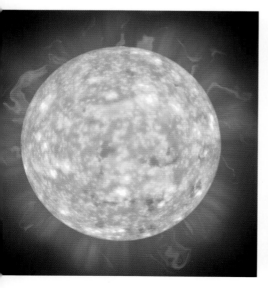

人们对日珥的认识

1868年，法国的让桑和英国的劳基尔分别引进了光谱技术，人们对日珥的外形才有了明确的认识。日珥是在太阳的色球层上产生的一种非常强烈的太阳活动，是太阳活动的标志之一。日珥一般长达20万千米，厚约5000千米，其腾空高度可达几万至几十万千米，甚至百万千米以上。

日珥可分为三类：宁静日珥、活动日珥和爆发日珥。宁静日珥喷发速度达每秒10000多米，能存在几个月之久；而爆发日珥的喷射速度每秒可达几百千米，但存在时间极短。

由于日珥腾空高度有时达数百万千米，实际上它已进入日冕层。日冕层的温度极高，甚至可达100万度以上，日珥的温度也很高，在10000度左右。它们不仅温度差别悬殊，密度差别也很大，日珥的密度是日冕的几千倍，令人奇怪的是，当日珥冲入日冕层时，既不坠落，也不消融，而是能和平相处在一起。

活跃时期
的太阳日珥

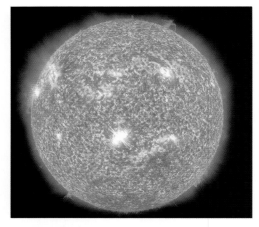

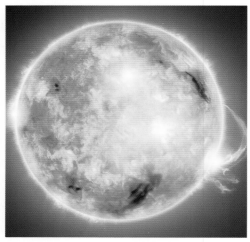

日珥的剧烈运动

日珥的运动很复杂，具有许多特征。例如，在日珥不断地向上抛射或落下时，若干个节点的运动轨迹往往是一致的；当日珥离开太阳运动时，速度会不断增加，而且这种加速是突发式的，在两次加速之间速度保持不变；在日珥节点突然加速时，亮度也会增加。对这些现象至今还没有令人满意的解释。

活动日珥和爆发日珥的速度可高达每秒几百千米，动力从何而来？

日珥运动时往往突然加速，甚至宁静日珥会一下子转变为活动日珥，原因是什么？这些问题都有待于进一步研究。一般认为，除重力和气体压力外，电磁力在日珥运动中是一个重要因素。日珥运动状态的突变可能与磁场的变化有关。

日珥的分布

日珥在太阳南、北两半球不同纬度处都可能出现，但在每一半球都主要集中于两个纬度区域，而以低纬度区为主。低纬区的日珥的分布按太阳活动周期不断漂移。

在活动周开始时，日珥发生在30°至40°范围内，然后逐渐移向赤道，在活动周结束时所处的纬度平均约为17°。高纬度区的日珥并不漂移，都在45°至50°范围内。

日珥的数目和面积都与太阳活动周有关，随黑子相对数而变化，但变化幅度没有黑子相对数那样大。日珥的上升高度约几万千米，大的日珥可高于日面几十万千米，一般长约20万千米，个别的可达150万千米。日珥的亮度要比太阳光球层暗弱得多，所以平时不能用肉眼观测到它，只有在日全食时才能直接看到。

日珥是非常奇特的太阳活动现象，其温度在4726至7726度之间，大多数日珥物质升到一定高度后，慢慢地坠落到日面上，但也有一些日珥物质漂浮在温度高达199万度的日冕低层，既不坠落，也不瓦解，就像炉火熊熊的炼钢炉内居然有一块不化的冰一样奇怪。而且，日珥物质的密度比日冕高出1000至10000倍，两者居然能共存几个月，实在令人费解。

科学家的解释

有科学家解释，太阳磁场具有隔热作用，它包裹住日珥，使两者无法进行热量交换。但是，人们发现，有些日珥并非是从大气层的低层喷射上去的，而是在日冕高温层中"凝结"出来的；有些日珥更是在顷刻间就烧完乃至全无踪影，这种凝结现象和突变现象让人无法解释。此外，空无一物的日冕怎么会突然出现日珥呢？

据计算，全部日冕的物质也不够凝结成几个大日珥，它们很可能是取自色球的物质。但这些猜测尚未得到证实，关于日珥的一切还是个谜。

Qi Te
De
Tai Yang Hei Zi

奇特的
太阳黑子

什么是太阳黑子

太阳黑子是在太阳的光球层上发生的一种太阳活动，是太阳活动中最基本、最明显的活动现象。在太阳的光球层上，有一些旋涡状的气流，像是一个浅盘，中间下凹，看起来是黑色的，这些旋涡状气流就是太阳黑子。黑子本身并不黑，之所以看着黑是因为比起光球来，它的温度要低一两千度，在更加明亮的光球衬托下，它就成为看起来像是没有什么亮光的、暗黑的黑子了。

太阳黑子由暗黑的本影和在其周围的半影组成，形状变化很大，最小的黑子直径只有几百千米，没有半影；最大的黑子直径比地球的直径还大几倍。

黑子的重要特性是它们的磁场强度，黑子越大，磁场强度越高，大黑子的磁场强度可达4000高斯。

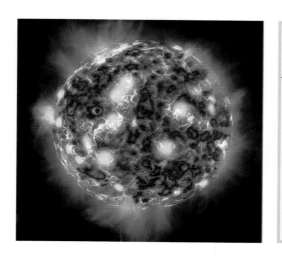

星球名片

名称：太阳黑子

活动周期：11.2年

特点：磁场强，温度低，黑斑点

影响：对地球磁场造成干扰

观测太阳黑子

　　早在我国古代，人们就已发现了黑子的存在。1610年，伽利略发现了太阳黑子现象。从此，人类开始了对太阳黑子活动的探索。

　　1926年，德国的天文爱好者施瓦贝用一架小型天文望远镜观测太阳，并仔细计算每天在日面上出现的黑子数目，绘制出太阳黑子图，他发现每经过约11年，太阳活动就很剧烈，黑子数目增加很多。有时可以看到四五群黑子，这时称作"黑子极大"；接着衰弱，到极衰弱，到后来太阳上几乎没有一个黑子。因此，每经过11.2年，就称作一个"太阳黑子周期"（太阳活动周期）。

太阳黑子的周期

　　为了更准确地研究太阳黑子活动的规律，国际天文学界为黑子变化周期进行了排序，从1755年开始的那个11.2年称作第一个黑子周期，1998年进入第二十三个黑子周期。

　　1861年，德国天文学家施珀雷尔发现，在每一黑子周期，黑子出现是遵从一定规律的：每个周期开始，黑子与赤道有段距离，然后向低纬度区发展，每个周期终了时，新的黑子又出现在高纬区，新的周期也就开始了。20世纪初，美国天文学家海耳研究黑子的磁性，发现磁性由强至弱直至消失的周期恰好是黑子周期的两倍，即22年。人们将这个周期称作磁周期或海耳周期。

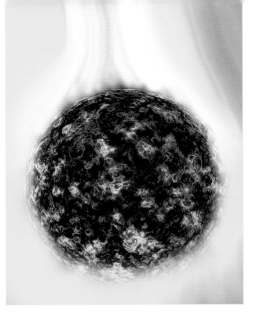

科学家的争议

  有人对太阳黑子活动周期持续的时间提出异议。19世纪80年代，德国天文学家斯波勒发现1645至1715年之间，人们很少看到太阳黑子活动。紧接着，英国天文学家蒙德尔指出，这70年太阳活动一直处于极低水平，太阳黑子平均数比通常11.2年周期中黑子极少的年份还要少，有时连续多年竟连一个黑子也没有，被称为"蒙德尔极小期"。

  关于太阳黑子活动周期问题，争论一直在继续，新观点不断涌现，有人提出22年的变化周期，有人提出80年的变化周期，甚至有人还提出了800年的周期。总的说来，太阳黑子活动是有一定规律的，但又是复杂多变的，就目前的科学研究水平来看各种观点还很难统一。

太阳黑子对地球的影响

  太阳是地球上光和热的源泉，它的一举一动，都会对地球产生各种各样的影响。黑子是太阳上物质的一种剧烈活动现象，所以对地球的影响很明显。

  当太阳上有大群黑子出现时，会出现磁暴现象，使指南针乱抖动，不能正确地指示方向；平时很善于识别方向的信鸽会迷路；无线电通信也会受到阻碍，甚至会突然中断一段时间。这些反常现象将会对飞机、轮船和人造卫星的安全航行，还有电视传真等方面造成很大的威胁。太阳黑子的爆炸还会引起地球上气候的变化。

  一百多年前，一位瑞士天文学家发现，在黑子多的时候地球上气候干燥，农业丰收；在黑子少的时候气候潮湿，暴雨成灾。

太阳系的中心天体——太阳

行踪不定的星星

金星卫星的首次发现

天空中的星星时隐时现，是由于我们用肉眼观察时空气波动的结果，那么天文学家观察到的时隐时现的星星又是怎么回事呢？

1672年1月25日，天文学家卡西尼首次看到在金星附近有一个小天体。他仔细观察了10分钟，但并不打算立即宣布发现了一颗金卫，以免引起一场轰动。

1686年8月18日早晨，卡西尼又一次看到了这个小天体。这颗卫星足有金星体积的1／4那么大，它位于距金星3／5个直径处，这颗金卫的相位与其母行星金星的相位相同。卡西尼对这一天体研究了15分钟，并做了完整的记录。

科学家的再观察

　　然而观察到这个天体的并非仅卡西尼一人。1740年10月23日，英国人吉姆·肖特也在金星附近发现了一个天体，他用望远镜观察了一个小时之久，他说这一天体有1/3个金星那么大。

　　1761年2月10日、11日和12日，法国马赛市人约瑟夫·路易斯·拉格朗格声称他曾几次看到了这颗金卫。1761年3月15日、28日和29日，法国奥赫里人蒙特巴隆通过他的望远镜也发现了这个金星的"幼仔"。而同年的6月、7月、8月间，美国科佩汉根的罗德科伊尔对这一天体也曾观察了8次。科学家们的观测结果最后得到了官方的承认。普鲁士国王弗雷德里克大帝提议，将金卫以法国著名科学家阿里姆博特的名字命名，阿里

姆博特又译达朗贝尔，一生在物理学、数学、天文学等领域作出了卓越的贡献。

金卫的悄然离去

1768年1月3日，科佩汉根的克里斯坦·霍利鲍又仔细研究了这颗金卫，继而发生的事情更为神秘离奇，这个金卫失踪了整整一个世纪。

在1886年，这个金卫又出现了。埃及天文学家曾7次看到了它，并把它命名为尼斯，以示对这位埃及知识之神的敬意。

1892年8月13日，美国天文学家爱德华·埃默森·伯纳德在金星附近看到一个7星等的天体。伯纳德教授确定它是一颗恒星。伯纳德曾经发现了木星的第5颗卫星，即"木卫五"。然而正当木卫五围绕其母星欢乐地运行之时，金卫却又悄然走失了。

自此以后的很长一段时间里，天文学家试图再一次寻找这颗金卫，但是都无功而返。这颗为许多科学家所观测到的卫星目前仍然是一个谜。

科学家的猜测

如果评论家们要说所有这些科学家们都在凭幻觉，那么这个说法纯粹太离谱也太不近人情了。

毫无疑问，所有这些观察都是有目共睹、切切实实的。这一切的发生，使人们不得不产生了许多猜测：1859年穿越太阳表面的那个天体是什么呢？它会不会是一颗小行星或者是另一个世界的巨大空间站

呢？金卫是不是也为外星系的空中堡垒呢？

金星卫星之谜

金星到目前还有许多谜团未解开。其中最令人们困惑的就是它的卫星之谜。现在的所有天文书籍上，在谈到金星卫星时，都认为它的天然卫星数是"0"。但在1686年8月，法国天文学家乔·卡西尼宣布他发现了金星的一颗卫星，并对这个新发现的金卫进行过多次的观察。而且根据他公布的金卫轨道数据，当时有不少人也观测到了这个卫星。由此，天文界至今存在两种不同的观点：一是根本否认金卫的存在，一是认为它曾经存在过，但后来挣脱金星控制飞走了。但无论持哪种观点，金星卫星目前还是一个未解之谜。

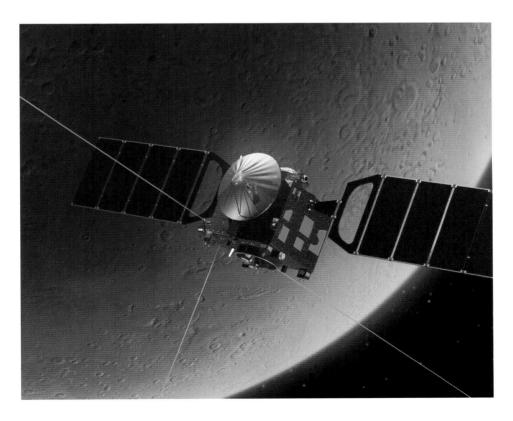

1970年12月15日，苏联发射的"金星"7号探测器在金星实现软着陆，
成功传回金星表面温度等数据资料

Gui Li Zhuang Guan De Xing Yun | 瑰丽壮观的
星云

彩虹星云

这些由星际尘埃及气体云组成的云气，如同纤柔娇贵的"宇宙花瓣"，远远地"盛开"在远达1300光年的仙王座恒星丰产区。有时它被称为彩虹星云，有时人们又叫她艾丽斯星云。它的编号是NGC7023，但它并非是天空中唯一会让人联想到花的星云。

在彩虹星云中，星际尘埃物质围绕着一颗炙热的年轻恒星。尘埃中

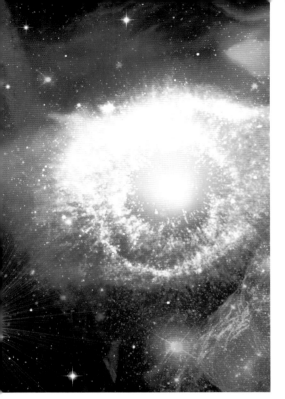
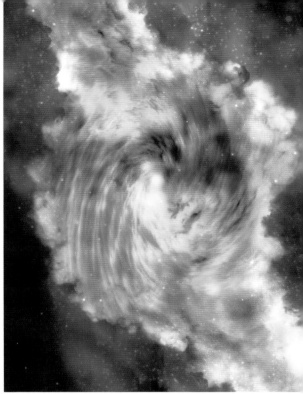

星云的主要成分是氢，其次是氦，还含有一定比例的金属元素和非金属元素

央的"灯丝"以一种略带红色的光反射出来。然而，这一星云反射出的光线主要是蓝色的，这是尘埃微粒反射恒星光芒的特点。在尘埃中心的"细丝"发出微弱的红色荧光，这是由于一些尘埃微粒能有效地将恒星发出的不可见的紫外线转换成可见的红光。红外观测器还发现这个星云可能含有叫作多环芳烃的复杂碳分子。

玫瑰星云

美丽的玫瑰星云NGC2237，是一个距离我们3000光年的大型发射星云。星云中心有一个编号为NGC2244的疏散星团，星团恒星所发出的恒星风，已经在星云的中心吹出了一个大洞。这些恒星大约是在四百万年前从它周围的云气中形成的，而空洞的边缘有一层由尘埃和热云气构成的隔离层。这团热星所发出的紫外光辐射，游离了四周的云气，使它们发出辉光。星云内丰富的氢气，在年轻亮星的激发下，让NGC2237在大部分照片里呈现红色的色泽。

不是所有的玫瑰星云都是红色的，但它们还是非常漂亮。在天象图中，美丽的玫瑰星云和其他恒星形成区域总是以红色为主，一部分因为在

星云中占据支配的发射物是氢原子产生的。

三叶星云

　　1747年，法国天文学家勒让蒂尔首先发现了三叶星云，三叶星云比较明亮也比较大，为反射和发射混合型星云，视星等为8.5等，视大小为29′×27′。这个星云上有三条非常明显的黑道，它的形状就好像是三片发亮的树叶紧密而和谐地凑在一起，因此被称作三叶星云。由于星云上面那格外醒目的三条黑纹，也有天文学家将它叫作三裂星云。

　　三叶星云位于人马座。要想找到三叶星云，我们要先熟悉一下人马座。人马座是一个十分壮观的星座，位于银河最宽最亮的区域，那里就是银河系的中心方向。每年夏天是最适合观测人马座的季节。6月底7月初时，太阳刚刚落山，人马座便从东方升起，整夜都可以看见它。

　　人马座是黄道12星座之一，它的东边是摩羯座、西边是天蝎座。有人将人马座叫作射手座，其实那是不规范的叫法。人马座的主人公是希腊神话中上身是人、下身是马的马人凯洛恩。凯洛恩既擅长拉弓射箭又是全希腊最有学问的人，因此，许多大英雄都拜他为师。

　　由于人马座的位置比较偏南，所以地球上北纬78°以北的地区根本看不到这个星座，北纬45°以南的地区才能够看到完整的人马座。我国绝大部分地区都能看到完整的人马座。

　　那么，我们怎样才能顺利地找到人马座呢？人马座中有6颗亮星组成了一个与北斗七星非常相像的南斗六星。虽然南斗六星的亮度和大小都比北斗七星逊色，但也很惹人注意。找到了南斗六星也就是找到人马座了。

　　人马座的范围比较大，所包含的亮星比较多，2等星2颗，3等星8颗。

星球名片

名　　称：三叶星云
视星等：8.5等
视大小：29′ × 27′
位　　置：人马座

人马座也是著名深空天体云集的地方，除了三叶星云之外，另外还有14个梅西耶天体，如著名的礁湖星云M8、马蹄星云M17等等，三叶星云在梅西耶星表中排行20，简称M20。

那么，三叶星云在哪儿呢？它就在南斗六星斗柄尖上那颗较亮的人马座μ星的西南方大约4°远处。三叶星云距离我们5600光年之遥。

环状星云

环状星云，即行星状星云，因此类星云中心有颗高温星，外围环绕着一圈云状物质，就好像行星绕着太阳似的，因而得名；因其形状像一个光环，所以又称为环状星云。

其成因系由超新星爆炸所致，当一颗质量为太阳的1.4～2倍的恒星发生爆炸时，其外部物质被抛向太空，形成圆形的星云，而星球的核心部分则被压缩成密度极大、温度极高的中子星，把抛到周围的物质照亮而被人

们看到，即为环状星云，这和气状星云、系外星云的性质完全不同，此类星云在数量上远比其他类星云星团少得多。

环状星云是由英国著名天文学家威廉·赫歇耳发现的。当时，赫歇耳还是英国皇家乐队的一名钢琴师，但是他酷爱天文学，经常用望远镜观测星空。

1779年夏季的一天晚上，当赫歇耳把望远镜对准天琴座的时候，在密密麻麻的恒星当中，发现了一个略带淡绿色、边缘较清晰的呈小圆面的天体。他模模糊糊地看出它应该是一个星云。但这是一种什么类型的星云赫歇耳也不知道。由于他的望远镜分辨率太差了，他看不清楚星云的细节，只是看它的模样与大行星很相像，于是赫歇耳就把这类星云命名为行星状星云。事实上，行星状星云与行星毫无关联，然而这个不恰当的名称却被人们一直沿用下来。

与赫歇耳同时代的法国天文学家安东尼·达尔奎耶也在同时发现了这个天体，他是在观测出现的彗星时看到它的。法国天文学家梅西耶把这个天体收入自己编制的星表中，排在第57位，简称M57。

随着观测能力的不断提高，人们后来又陆续发现了不少行星状星云，目前的总数为1000多个。天文学家估计在我们的银河系中大概一共有

四五万个行星状星云，只是由于它们都隐藏在太空深处，实在是太小太暗了，以至于我们目前还不能发现它们。

马头星云

IC434是位于猎户座的一个明亮发射星云，它于1786年2月1日被英国威廉·赫歇耳发现。它位于猎户腰带最东边的参宿一旁边，是一片细长且模糊的地区。IC434因为衬托出著名的马头星云，因此它比IC星表中的其他天体更为著名。

马头星云，亦称巴纳德33，是明亮的IC434内的一个暗星云，位于猎户座，离地球有1500光年，从地球的角度看它位于猎户座ζ下方，视星等8.3等，肉眼不能看见。

因形状十分像马头的剪影，故有马头星云的称号。在1888年哈佛大学天文台拍下的照片中首次发现这个不同寻常形状的星云。

"马头星云"是业余望远镜能力范围内很难观测的天体，所以业余爱好者们经常将"马头星云"作为检验他们观测技巧的测试目标。它的一部分是发射星云，为一颗光谱型B7的恒星所激发；另一部分是反射星云，为一颗光谱型B7的恒星所照亮。角直径30'，距地球350秒差距。

星云红色的辉光，主要是星云后方被恒星所照射的氢气。暗色的马头高约1光年，主要来自浓密的尘埃遮掩了它后方的光，不过，马颈底部左方的阴影是马颈所造成的。贯穿星云的强大磁场，正迫使大量的气体飞离星云。

马头星云底部里的亮点，是正在新生阶段的年轻恒星。光需要经过约1500年，才会从马头星云传到我们地球。

小幽灵星云

小幽灵星云是位于猎户座的一个弥散星云，距离地球1300光年，看起来像有一个黑色鬼影浮于雾气之中。幽灵星云的编号是NGC6369，它是18世纪的英国天文学家威廉·赫歇耳用望远镜观测蛇夫座时发现的。

这个星云具有行星浑圆的外观，此外它也很昏暗，所以有小幽灵星云的绰号。猎户座内部的明亮变星V380照亮了此星云，这些寒冷气体与尘埃如此浓密，以至于完全阻挡了光线的通过，其中的恒星或许很密集，而此黑暗云是一个致密的气体尘埃云，叫博克球状体。

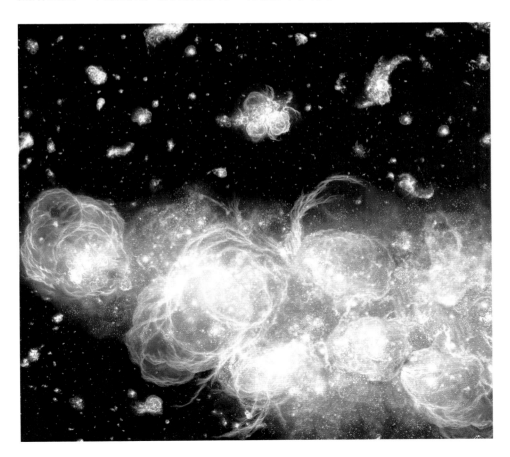

云雾状的
天体——星云

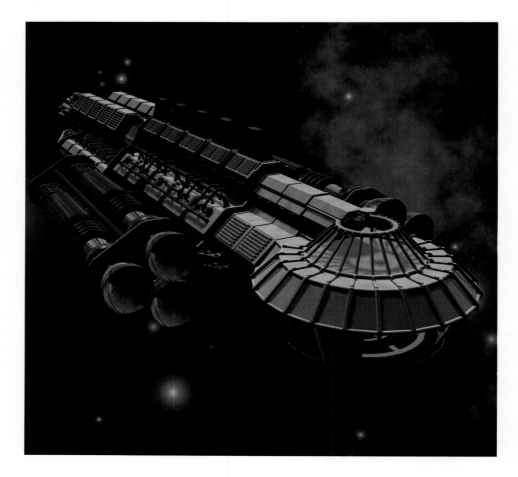

　　小幽灵星云位于离开太阳系2000光年以外的蛇夫星座，气体以24千米/秒左右的速度向外喷溅，而气团的直径已经达到1光年。呈现蓝绿色的中间部分由气体组成，这是在红色巨星紫外线作用下发生强烈电离的结果，气团的外部受紫外线的作用较弱，因此气团的外部颜色接近黄色和橙色。

蚂蚁星云

　　该星云是一个由尘埃和气体构成的云团，专门名称是Mz3。在用望远镜观察时，可以看到它的外形与一只蚂蚁非常相似，位于银河中，距离地球3000至6000光年。

　　它于1997年7月20日被华盛顿大学天文学家布鲁斯·贝里克和莱登大学天文学家文森特·艾克在研究哈勃太空望远镜的影像时发现。Mz3被称为蚂蚁星云是因为它的影像十分像一只普通蚂蚁的头部和胸部。

猫眼星云

猫眼星云为一行星状星云，位于天龙座。这个星云特别的地方在于：其结构几乎是所有有记录的星云当中最为复杂的一个。猫眼星云拥有绳结、喷柱、弧形等各种形状的结构。

这个星云是1786年2月15日由英国威廉·赫歇耳首先发现的。

至1864年，英国业余天文学家威廉·赫金斯为猫眼星云作了光谱分析，也是首次将光谱分析技术用于星云。

现代的研究揭开不少有关猫眼星云的谜团，有人认为该星云结构之所以复杂，是来自其连星系统中主星的喷发物质，但至今尚未有证据指出其中心恒星拥有伴星。

另外，两个有关星云化学物质量度的结果出现重大差异，其原因目前仍不明。

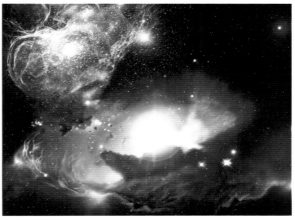

Wu Cai Bin Fen De Cai Hong | 五彩缤纷的 彩虹

彩虹的形成原因

彩虹是气象中的一种光学现象。当阳光照射到半空中的雨点，光线被折射及反射，在天空上形成拱形的七彩的光谱。彩虹七彩颜色，从外至内分别为：红、橙、黄、绿、青、蓝、紫。

彩虹是因为阳光射到空中接近圆形的小水滴，造成色散及反射而成。阳光射入水滴时会同时以不同角度入射，在水滴内亦以不同的角度反射。当中以40°至42°的反射最为强烈，形成我们所见到的彩虹。造成这种反射时，阳光进入水滴，先折射一次，然后在水滴的背面反射，最后离开水滴时再折射一次。因为水对光有色散的作用，不同波长的光的折射率不同，蓝光的折射角度比红光大。由于光在水滴内被反射，所以观察者看见的光谱是倒过来，红光在最上方，其他颜色在下。

其实只要空气中有水滴，而阳光正在观察者的背后以低角度照射，便可能产生可以观察到的彩虹现象。彩虹最常在下午，雨后刚转天晴时出现。这时空气内尘埃少而充满小水滴，天空的一边因为仍有雨云而较暗。

观察者头上或背后已没有云的遮挡而可见阳光，这样彩虹便容易被看到。另一个经常可见到彩虹的地方是瀑布附近。在晴朗的天气下背对阳光在空中洒水或喷洒水雾，亦可以人工制造彩虹。

彩虹可预报天气

空气里水滴的大小，决定了虹的色彩鲜艳程度和宽窄。空气中的水滴大，虹就鲜艳，也比较窄；反之，水滴小，虹色就淡，也比较宽。我们面对着太阳是看不到彩虹的，只有背着太阳才能看到彩虹，所以早晨的彩虹出现在西方，黄昏的彩虹总在东方出现。可我们看不见，只有乘飞机从高空向下看，才能见到。虹的出现与当时天气变化相联系，一般我们从虹出现在天空中的位置可以推测当时将出现晴天或雨天。东方出现虹时，本地是不大容易下雨的，而西方出现虹时，本地下雨的可能性却很大。

彩虹的明显程度，取决于空气中小水滴的大小，小水滴体积越大，形成的彩虹越鲜亮；小水滴体积越小，形成的彩虹就不明显。一般冬天的气温较低，在空中不容易存在小水滴，下阵雨的机会也少，所以冬天一般不会有彩虹出现。

彩虹所在的位置

彩虹其实并非出现在半空中的特定位置。它是观察者看见的一种光学现象，彩虹看起来的位置，会随着观察者而改变。当观察者看到彩虹时，

　　它的位置必定是在太阳的相反方向。彩虹的拱以内的中央，其实是被水滴反射、放大了的太阳影像。所以彩虹以内的天空比彩虹以外的要亮。彩虹拱形的正中心位置，刚好是观察者头部影子的方向，虹的本身则在观察者头部的影子与眼睛一线以上40°至42°的位置。因此当太阳在空中高于42°时，彩虹的位置将在地平线以下而不可见。这亦是为什么彩虹很少在中午出现的原因。

　　彩虹由一端至另一端，横跨84°。以一般的35毫米照相机，需要焦距为19毫米以下的广角镜头才可以用单格把整条彩虹拍下。倘若在飞机上，看见的彩虹会是完整的圆形而不是拱形，而圆形彩虹的正中心则是飞机行进的方向。

彩虹奇观

　　很多时候会见到两条彩虹同时出现，在平常的彩虹外边出现同心、但是较暗的虹，称为副虹，又称霓。副虹是阳光在水滴中经两次反射而成。当阳光经过水滴时，它会被折射、反射后再折射出来。在水滴内经过一次反射的光线，便形成我们常见的彩虹，即主虹。若光线在水滴内进行了两次反射，便会产生第二道彩虹，即霓。

霓的颜色排列次序跟主虹是相反的。由于每次反射均会损失一些光能量，因此霓的光亮度亦较弱。两次反射最强烈的反射角出现在50°至53°，所以副虹位置在主虹之外。因为有两次的反射，副虹的颜色次序跟主虹反转，外侧为蓝色，内侧为红色。副虹其实一定跟随主虹存在，只是因为它的光线强度较低，所以有时不被肉眼察觉而已。

晚虹是一种罕见的现象，在月光强烈的晚上可能出现。由于人类视觉在晚间低光线的情况下难以分辨颜色，故此晚虹看起来好像是全白色。

彩虹为什么总是弯曲的

光的波长决定光的弯曲程度，事实上如果条件合适的话，可以看到整圈圆形的彩虹。彩虹是太阳光射向空中的水珠经过折射→反射→折射后射向我们的眼睛所形成的。

不同颜色的太阳光束经过上述过程形成彩虹的光束，与原来光束的偏

横跨天际
的瑰丽彩虹

红色光，折射的角度是42°，蓝色光的折射角度只有40°，所以每种颜色在天空中出现的位置都不同。

若你用一条假想线，连接你的后脑勺和太阳，那么与这条线呈42°夹角的地方，就是红色所在的位置，这些不同的位置勾勒出一个弧。既然蓝色与假想线只呈40°夹角，所以彩虹上的蓝弧总是在红色的下面。

彩虹之所以为弧形这当然与其形成有着不可分割的关系，同样这也与地球的形状有很大的关系，由于地球表面为一曲面，而且还被厚厚的大气所覆盖，在雨后空气中的水含量比平时要高，阳光照射入空气中的小水滴形成了折射，同时由于地球表面的大气层为一弧面，从而导致了阳光在表面折射，形成了我们所见到的弧形彩虹！

折角约180°－42°＝138°。也就是说，倘若太阳光与地面水平，则观看彩虹的仰角约为42°。

想象一下，你看着东边，太阳正在从背后的西边落下。白色的阳光穿越了大气，向东通过了你的头顶，碰到了从暴风雨落下的水滴。当一道光束碰到了水滴，会有两种可能：一是光可能直接穿透过去，二是它可能碰到水滴的前缘，在进入水滴内部时产生弯曲，接着从水滴后端反射回来，再从水滴前端离开，往我们这里折射出来，于是你看到了彩虹。

光穿越水滴时弯曲的程度视光的波长而定——红色光的弯曲度最大，橙色光与黄色光次之，依此类推，弯曲最小的是紫色光。每种颜色各有特定的弯曲角度，阳光中的

Hui Lan Se
De
Ju Dan

灰蓝色的
巨蛋

太空的蓝色巨蛋

　　《明日太空》杂志报道，20世纪80年代，苏联的太阳系太空船与一枚灰蓝色巨蛋相遇。当时两者之间只隔数千米。

　　德国天文学家舒密德曾向《明日太空》杂志说："我身为苏联太空资料分析顾问，有缘得见数百幅有关该枚巨蛋的高解像图片，它长达1127

千米，表面光滑，呈椭圆形，活像一只大鸟蛋；当然它可能是一颗流星或是太空垃圾，但同样我们不能排除它具有生命的可能。"

后来，苏联一份报纸载文报道了此事，称这次太空"第三类接触"是在1986年底发生的，不过没有透露该枚巨蛋在太空的哪处。

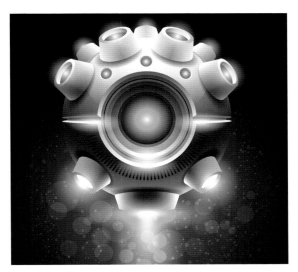

科学家的分析

苏联太空科学家帕克科马夫指出，这次可能是自从1930年发现冥王星以来最重大的一次发现。

帕克科马夫说："如果这个不明物体的确是一个蛋，那就不只意味着外太空有生物，而且这种生物还是在太空生活。这样庞大的一个蛋如果孵化成长后，体型可能有月球那样大，如果这种生物到地球乱闯，人类的文明势将毁于一旦，地球也可能脱离轨道，面临末日。"

帕克科马夫表示苏联的科学家会致力分析太空船拍回的照片，直至确定这个巨蛋的性质为止。

Ling Ren Jing Qi
De
Yun Shi

令人惊奇的陨石

形状巨大的陨石

2013年2月14日，古巴中部的一个小镇发生了一起陨石坠落事件。目击者称，他们看见空中有一块如公共汽车大的部分变得非常明亮，之后又变成一团"比太阳还要大"的火焰，三四分钟后听到巨大的爆炸声。

1976年3月8日下午，我国吉林省吉林市的近郊发生了一次大规模的陨石雨。规模之大仅次于通古斯和老爷岭陨石雨，在石质陨石雨中规模算是第一位。

吉林市陨落区呈很长的椭圆形，长度超过70000米，面积达400至500平方千米，搜集到的陨石有1000多块，总重量在

上图：太空中纷纷坠落地球的陨石

下图：巨大的陨石与宇宙星体相撞

2600千克以上。其中最大的"吉林1号"陨石，重1770千克，是目前世界上最重的石陨石。第二位是美国诺顿陨石，重1080千克。吉林陨石雨规模虽大，却没造成什么损失，实属难得。

陨石带来的趣闻

最大的铁陨石：霍巴铁陨石，长2.75米，宽2.43米，重达60000千克，发现于非洲纳米比亚南部格鲁特丰坦附近的西霍巴地区，至今仍"安息"原地，因为世界上没有一个博物馆能收藏得了它。

最大的石陨石：我国"吉林1号"陨石，重1770千克，当然它是可以被博物馆珍藏的。

充当"杀手"的陨石：1954年，美国亚拉巴马州希拉考加城的休莱特·朗杰斯太太被一块3900克重的陨石击伤。

陨石带来的灾难

1847年，一块陨石击中一艘从日本开往意大利的船只，两名水手不幸丧命。1512年，我国山东省丰城由于陨石引起火灾，烧毁房屋千余间。次年，丰城又因陨石起火，使2万户人无家可归。

1954年11月30日，在美国亚拉巴马州的一个小城，一块重3900克的陨石残块击穿了屋顶和天花板，击伤了一名妇女。由此可见，观测与计算是相符的，不过陨星陨落直接伤人的事件是极为罕见的。

陨星落到屋顶的事件也时有发生。最近二十多年里，在美国和加拿大研究发现的新陨落的陨星事件中，只有7起事件造成房屋严重受损，受损的房屋通常都是楼房和汽车库的屋顶。另外两起事件由于陨星质量小，未能损坏屋顶。还有一颗重1300克的陨星击中一个邮箱，使它严重变形。如果考虑到一部分陨星坠落到公共设施和工业厂房的屋顶而不被注意，那么预测概率为——年均0.8次或20年间16次落到屋顶。所有这些均被观测所证实。

陨星坠落的概率

研究人员在9年时间里，借助60部摄像机在加拿大西部进行了观测。积累的大量资料得以计算出陨星陨落的概率，即取决于陨星的质量。

据此推测，陨星的总质量是摄像机所拍摄到的最大陨星残块的两倍多。实际上，每天平均有大约39颗质量不一的陨星落到100万平方千米的陆地上，那么每年有大约5800颗陨星落入整个地球的陆区表面。

陨星落入人群或房屋的概率有多大呢？研究人员作出许多推断：若按每一个人占0.2平方米的面积计算，落到人身上的最小陨星残块的重量不超过几克，通常200克以上的陨星块才能击穿屋顶和天花板；如果陨星的总重量为500克，那么5个残块中每一个都能击穿屋顶，但是，质量较小的陨星残块就不会导致这一后果。

科学家在用外推法分析和研究了所获得有关世界人口和各大陆的资料后得出一个结论：在世界60亿人口中，质量不小于100克陨星致人死亡的事件的概率为10年1人次，陨星击穿屋顶的概率也不过年均16座房屋。

太阳确实有伴星吗

Tai Yang Que Shi You Ban Xing Ma

太阳的伙伴是谁

有的恒星看上去是一颗星，但用望远镜观察，它却是两颗互相吸引、互相绕转的星，就像两个在一起的伙伴一样。太阳这颗恒星有没有伙伴呢？假如太阳真有一个伙伴，即伴星，那么人类就可以解释过去出现的一些现象，然后再设法防止今后可能出现的灾难。

物理学家的研究

1979年，美国哥伦比亚大学的地质学家沃尔特送给他父亲阿尔瓦雷斯一块6500万年前的石头，它与恐龙灭绝的年代相同。阿尔瓦雷斯对这块古老的石头分析后发现，其中含有丰富的铱。铱是天外的来客，地球上并不存在这种元素，因此，阿尔瓦雷斯提出了小行星撞击地球的理论。

阿尔瓦雷斯经过计算推断，6500万年前，有一颗直径为10000米的小行星和地球发生撞击，扬起的尘埃弥漫太空。在此后的3至5年间，地球陷入了一片黑暗，植物停止了光合作用，造成植物和动物群的死亡，严重破坏了生态平衡，从而使恐龙走向了灭绝。

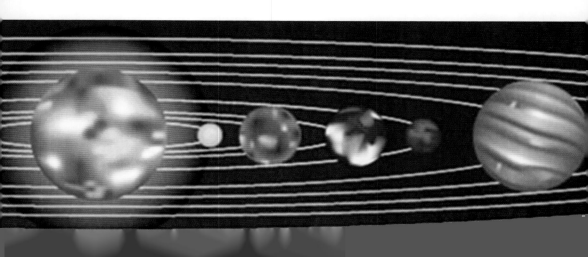

提出伴星假说

在这个基础上，阿尔瓦雷斯的学生马勒提出了伴星假说，即太阳有一位伙伴。这位伙伴的轨道周期恰好是2600万年。

伴星质量很大，当它一接近太阳系外星的彗星群时，就扰乱了彗星群的正常运行，产生彗星雨。有些彗星撞击了地球，造成地球上的灾难和生物大灭绝。

为何出现多个太阳

多个太阳并现奇观

你见过天空中同时出现几个太阳的奇特景象吗？你肯定不相信。确实，天文学家已明确告诉我们，只有一个太阳。可是，现实生活中，确实出现过好几个太阳同时挂在天空的奇异景象。

1661年2月20日，在波兰格但斯克出现了7个太阳并现的奇特景象。

1790年7月18日，俄国圣彼得堡出现了6个太阳。

1866年4月的一天，俄国乌克兰地区的人们看到8个太阳并出的景象。

1970年12月3日，加拿大萨斯卡通有8个太阳并现。

1971年5月5日9时，我国东北小兴安岭上空有10个太阳并现。

1985年1月3日11时，学者刘贵在黑龙江省绥化市画下了5日并现的图像，并在刊物上

发表了该图像。

1988年1月27日上午，河南省漯河市气象站刘跃红画下了5日并现的图像，图像在刊物上发表。

2013年11月1日上午，内蒙古赤峰市上空出现"四个太阳"，个别位置可以看见"五个太阳"，人们无不称奇。

为何多的太阳是假的

其实，这许多并现的太阳，只有一个是真太阳，其他都是假太阳。假太阳称为假日、幻日或伪日，属于晕的一种表现形式。晕就是民间俗称的风圈，它是由于太阳光或月光在云中冰晶上发生反射和折射而形成的。

在距地面六七千米以上的高

空，确实有一种由小冰晶组成的乳白色的丝缕状的薄云，学名叫卷层云。构成这种云的小冰晶就好像三棱镜一样，当日光或月光照到它们时，就会产生反射和折射现象，如果角度合适，就会形成彩色或白色光圈、光弧或假日，统称为"晕"。通常太阳或月亮周围只有一个晕圈，但个别时候也会出现相互套着的多个晕圈、多个晕弧和多个假日并现的怪晕。

Tai Yang
Wei Shen Me | **太阳为什么**
Hui Zi Zhuan | **会自转**

太阳自转的发现

　　太阳也像其他天体一样，在不停地绕轴自转，这在400年前是无人知道的。

　　最早发现太阳自转的人是意大利科学家伽利略，他在观测和记录黑子时，发现黑子的位置有变化，最终得出太阳自转的结论。15世纪时，人们普遍认为地球由于自转引起了按一定周期变化的昼与夜的交替，并且太阳系内许多其他行星也都存在着自转现象。

　　1853年，英国天文爱好者、年仅27岁的卡林顿开始对太阳黑子进行系统的观测。

　　他想知道黑子在太阳面上是怎样移动的，以及长期以来都说太阳有自转，但这自转周期究竟有多长？通过几年的观测，他发现，由于黑子在日面上的纬度不同，得出来的太阳自转周期也不尽相同。

换句话说，太阳并不像固体那样自转，自转周期并不到处都一样，而是随着日面纬度的不同，自转周期有变化。这就是所谓的"较差自转"。

太阳的自转周期

太阳自转方向与地球自转方向相同。太阳赤道部分的自转速度最快，自转周期最短，约25日，纬度40°处约27日，纬度75°处约33日。日面纬度17°处的太阳自转周期是25.38日，称作太阳自转的恒星周期，一般就以它作为太阳自转的平均周期。以上提到的周期长短，都是就太阳自身来说的。

可是我们是在自转着和公转着的地球上观测黑子，相对于地球来说，所看到的太阳自转周期就不是25.38日，而是27.275日。这就是太阳自转的会合周期。

如果连续许多天观测同一群太阳黑子，就会很容易发现它每天都在太阳面上移动一点，位置一天比一天更偏西，转到了西面边缘之后就隐没不见了。

如果这群黑子的寿命相当长，那么，经过10多天之后，它就会"按期"从日面东边缘出现。

围绕太阳
转动的太阳系
行星

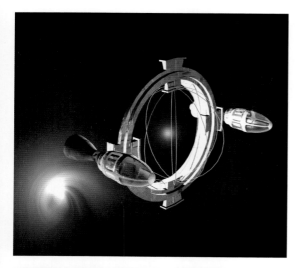

除了用黑子的位置变化来确定太阳自转周期之外，用光谱方法也可以。太阳自转时，它的东边缘老是朝着我们来，距离在不断减小，光波波长稍有减小，反映在它光谱里的是光谱谱线都向紫的方向移动，即所谓的"紫移"；西边缘在离我们而去，这部分太阳光谱线"红移"。

黑子很少出现在太阳赤道附近和日面纬度40°以上的地方，更不要说更高的纬度了，光谱法就成为科学家测定太阳自转的好助手。光谱法得出的太阳自转周期是：赤道部分约26日，极区约37日。这比从黑子位置移动得出来的太阳自转周期要长一些，长约5%。

太阳周期有变

早在20世纪初，就有人发现太阳自转速度是有变化的，而且常有变化。1901至1902年观测到的太阳自转周期，与1903年得出的数据不完全一样。

不久，有人进一步发现，即使是在短短的几天，太阳自转速度的变化可以达到0.15千米/秒，这几乎是太阳自转平均速度的1/4000，那是相当惊人的。

1970年，两位科学家在大量观测实践的基础上，得出了一个几乎使人不知所措的结论。通过精确观测，他们发现太阳自转速度每天都在变化，这种变化既不是越转越快、周期越来越短，也不是越转越慢、周期越来越长，而似乎是在一个可能达到的极大速度与另一个可能达到的极小速度之间，来回变动着。

太阳自转速度为什么随时间而变化？有什么规律？这意味着什么？现在都还说不清楚，只能说这是一个有待研究和解决的谜。空间技术的发展使得科学家们有可能着手观测和研究太阳外层大气的自转情况，主要是色球和日冕的自转情况。

在日冕低纬度地区，色球和日冕的自转速度，和我们肉眼看到的太阳表面层——光球基本一致。在高纬度地区，色球和日冕的自转速度明显加快，大于在它们下面的光球的自转速度。换句话说，太阳自转速度从赤道部分的快变到两极区域的慢，这种情况在光球和大气低层比较明显，而在中层和上层变化不大，不那么明显。

太阳周期为何有变

这种捉摸不透的现象，自然是科学家们非常感兴趣的。

科学家们认为产生太阳自转的各种现象的根源在其内部，即在光球以

下、我们肉眼不能直接看到的太阳深处，这是有道理的。

日震可以为我们提供太阳内部的部分情况，这是一方面。更多的是进行推测，当然，这种推测并非毫无根据，而是有足够的可信度。

例如，根据太阳所含的锂、铍等化学元素的多少来进行分析和推测；从赫罗图上太阳应占的位置来看，太阳是颗主序星，根据所有主序星的平均自转速度进行统计并进行考虑推测。

其结果怎么样呢？不仅难以得到比较一致的意见，甚至有些意见还针锋相对。有的学者认为太阳内部的自转速度要比表面快得多；另一些学者则认为表面自转速度比内部快。

一些人认为，太阳自转的速度会随着深度而变化，我们在太阳表面上测得的速度，很可能还继续向内部延伸一段距离，譬如说大致相当于太阳

半径的1／3，即约21万千米。只是到了比这更深的地方，太阳自转速度才显著加快。

包括地球在内，许多天体并非正圆球体，而是扁椭球体，其赤道直径比两极方向的直径长些。用来表示天体扁平程度的"扁率"，与该天体的自转有关。地球的赤道直径约12756.3千米，极直径约12713.5千米，两者相差42.8千米，扁率为0.0034，即约1／300。九大行星中自转得最快的两颗行星是木星和土星，它们的扁率分别是0.0637和0.102，用望远镜进行观测时，一眼就可以看出它们都显得那么扁。

美国科学家迪克的理论

太阳是个自转着的气体球，它应该有一定的扁率，20世纪60年代，美国科学家迪克正是从这样的角度提出了问题。

根据迪克的理论，如果太阳内部自转速度相当快，其扁率有可能达到4.5／100000。太阳直径约139.2万千米，如此扁率意味着太阳的赤道直径应该比极直径大60多千米，对于太阳来说，这实在是微乎其微。

可是，要想测出直径上的这种差异异乎寻常地困难，高灵敏度的测量仪器也未必能测出所需要的精度。

为此，迪克等人做了超乎寻常的努力，进行了无与伦比的超精密测量，经过几年的努力，他得出的太阳扁率为4.51±0.34/100000，即在4.85／100000至4.17／100000之间，刚好是他所期望的数值。

1967年，迪克等人宣布自己的测量结果时，所引起的轰动是可想而知的。一些人赞叹迪克等人理论的正确和观测的精密，但更多的人似乎持怀疑态度，他们有根有据地对迪克等人的观测精度表示相反意见，认为这是

太阳按照自己的规律缓慢地自转

不可能的。

一些有经验的科学家重新做了论证太阳扁率的实验，配备了口径更大、更精密的仪器，采用了更严密的方法，选择了更有利的观测环境，所得到的结果是太阳扁率小于1／100000，只及迪克所要求的1／5左右。结论是：太阳内部自转并不像迪克等人所想象的那样快。退一步说，即使太阳赤道部分略为隆起而存在一定扁率的话，扁率的大小也是现在的仪器设备所无法探测到的。

试图在近期内从发现太阳的扁率来论证太阳内核的快速自转，可能性不是很大。它将作为一个课题，长时间地存在于科学家们的工作中。不管最后结论太阳是否真是扁球状的，又或是太阳确实无扁率可言，都将为科学家们建立太阳模型、特别是内部结构模型提供了非常重要的信息和依据。

至于为什么太阳自转得那么慢？为什么太阳各层的自转速度各不相同？一些自转速度变化的规律又是怎么样的？这些都还是未知数。

Tai Yang
Wei Shen Me
Hui Shou Suo

太阳为什么
会收缩

早期的太阳资料

自从1610年伽利略把望远镜指向天体之后，便结束了人类肉眼观天的时代。380多年来，天文学家们获得了有关太阳的许多资料。

根据德国天文学家威特曼的测量，太阳的直径为139.2万千米，这是目前最精确的太阳直径测量值了。据说，他为了测量太阳直径，来到瑞士塔克尔诺天文台，利用针孔摄影机对准太阳望远镜焦点上的太阳像，进行了246次光电测量。你知道139.2万千米这个数值有多大吗？相当于109个地球直径之和，是太阳系八大行星直径和的3.4倍。

艾迪的看法

1979年，美国天文学家艾迪发表了一个耸人听闻的结论：太阳正在收缩。他认为，过不了10万年太阳将缩为一个小点。到那时候我们地球上的白天将没有太阳。想想看，若是没有太阳，将是一幅多么可怕的景象！

艾迪提出了"蒙德极小期"的概念，他认为在蒙德极小期之内，黑子的记录一次也没有，太阳活动很弱，太阳活动周期也停止了。

　　自1610年使用望远镜观测太阳黑子以后，一直到19世纪中叶已经积累了大量观测资料。黑子的11.2年周期已为天文界所公认。1843年，德国天文学家斯玻勒在研究黑子纬度分布时发现，1645至1715年的70年间，几乎没有黑子记录。1894年，英国天文学家蒙德在总结斯玻勒的发现时，把1645至1715年这一时期称为太阳黑子"延长极小期"。1922年他又撰文，以极光记录的显著减小来论述存在黑子延长极小期的可能性。

　　艾迪的看法在天文学界引起了激烈争论，1979年艾迪提出了更为大胆的观点，即太阳正在收缩着，太阳直径差不多每年缩短1／850（1647千米）。按艾迪的计算，太阳到了一定时期也就消失了。

艾迪的研究

　　艾迪曾认真研究了英国格林尼治天文台从1836至1935年的太阳观测资料，数据表明这100年间太阳直径不断收缩。他还研究了美国海军天文台

太阳的能量
从没有减弱，但
直径时大时小

1846年以来的观测记录，得出的结论同上面的结论一致。

艾迪也认真观测了1567年4月9日的一次日环食。当时有人计算应是日全食，艾迪解释说，原来的太阳比现在大些，月亮遮不严太阳的光线，所以就出现了一个环。

科学家的证明

德国格丁根天文台也保存较完整的太阳观测资料。科学家们的计算表明，太阳大小在200多年内变化不大，比起艾迪的数值要小得多。

天文学家还试图从水星凌日的材料证明艾迪的观点。根据42次水星凌日的观测记录发现，300多年来，太阳非但没有缩小，还有增大的现象。此外，英国天文学家帕克斯还借助1981年日全食的机会进行了相关的观测，得出的结论也和艾迪相反。

1982年，美国科罗拉多高空观测所和萨里空间实验站的科学家们，精心研究了最近265年中水星绕太阳运动的资料及有关日食的资料，得出的结论是：太阳的直径并不固定，它一直在"颤抖"，其周期约为76年。太阳直径最大与最小时可相差300千米。

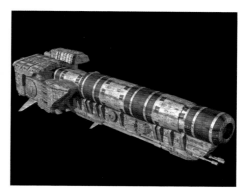

1986年，法国一些天文学家又宣布了一项惊人的消息：根据太阳黑子资料的历史记录分析，在17世纪时，太阳的大小与今天不一样，300年以前的太阳直径比现在大了2000千米左右，而且那时候太阳的自转速度也比现在慢4%左右。太阳会一直收缩下去吗？收缩的幅度到底有多大？科学家们观点还很不统一，需要进一步的观测来证明。

日长为何
有变化

Ri Chang
Wei He
You Bian Hua

日长的变化

　　20世纪50年代中期，原子钟的问世使人们惊奇地发现地球自转并不是完全均匀和绝对稳定的。日长有长期减慢、季节性周期变化和不规则变化这三种不同类型的变化。地球自转的长期减慢，使日长在一个世纪内大约要廷增长1至2毫秒，即1／1000至2／1000秒。这样说来，一天的时间在变长，虽然这样微小的变化是难以直接检验的，但是它的长期累积效应却是能够测量到的。

观测资料的利用

我们知道，日食、月食是可以准确地计算出来的，我们把历史上发生过的日食、月食计算出来后，与历史上的天象观测记录相比较就能发现问题。例如，公元前181年3月4日的日全食，如果地球自转并不存在长期变化，推算到的全食带并不经过我国西汉时的长安。但据《汉书》记载，长安当时看到了日全食，说明日长确有变化。推算结果与实际观测记录两者的差异正好反映了在这一段时间里地球自转长期变化的累积效应。

地球自转减慢的原因

许多科学家认为，近海地区潮汐摩擦引起的地球自转角动量逐渐减小是一个主要的原因。但是它的理论估算值比以上观测值要小，所以肯定还有别的因素影响着地球自转速度，可是这些问题都还没最终搞明白。

地球板块运动的影响

我国的专家认为，地球板块运动对日长变长也有影响。上面说的对地球自转速率的测量都是在地面上进行的，但地球上每一个板块都在运动着，都呈现向西和向赤道漂移的趋向，这将会影响我们对日长变化的测量结果。

Hei Dong Shi
Yu Zhou
Lue Duo Zhe Ma

黑洞是宇宙掠夺者吗

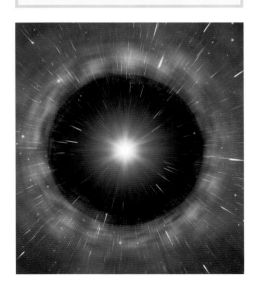

黑洞是什么

黑洞很容易让人望文生义地将其想象成一个"大黑窟窿"，其实不然。所谓"黑洞"，就是这样一种天体：它的引力场是如此之强，就连光也不能逃脱出来。

黑洞不让其边界以内的任何物质被外界看见，这就是这种物体被称为黑洞的缘故。我们无法通过光的反射来观察它，只能通过受其影响的周围物体来间接了解黑洞。虽然这么说，但黑洞还是有它的边界，即"事件视界"。

据猜测，黑洞是死亡恒星的剩余物，是在特殊的大质量超巨星坍塌收缩时产生的。另外，黑洞必须是一颗质量大于钱德拉塞卡极限的恒星演化到末期而形成的，质量小于钱德拉塞卡极限的恒星是无法形成黑洞的。

黑洞其实也是个星球，只不过它的密度非常大，靠近它的物体都被它的引力所约束，不管用多大的速度都无法脱离。

　　对于地球来说，以第二宇宙速度即11.2千米/秒飞行就可以逃离地球。但是对于黑洞来说，它的第二宇宙速度之大，竟然超越了光速，所以连光都跑不出来，于是射进去的光没有反射回来，我们的眼睛就看不到任何东西，只是黑色一片。

黑洞的形成

　　根据广义相对论，引力场将使时空弯曲。当恒星的体积很大时，它的引力场对时空几乎没什么影响，从恒星表面上某一点发的光可以朝任何方向沿直线射出。而恒星的半径越小，它对周围时空的弯曲作用就越大，朝某些角度发出的光就将沿弯曲空间返回恒星表面。等恒星的半径小到一特定值，即天文学上的"史瓦西半径"时，就连垂直表面发射的光都被捕获了。到这时，恒星就变成了黑洞。说它"黑"，是指它就像宇宙中的无底洞，任何物质一旦掉进去，似乎就再不能逃出。实际上黑洞真正是"隐形"的。

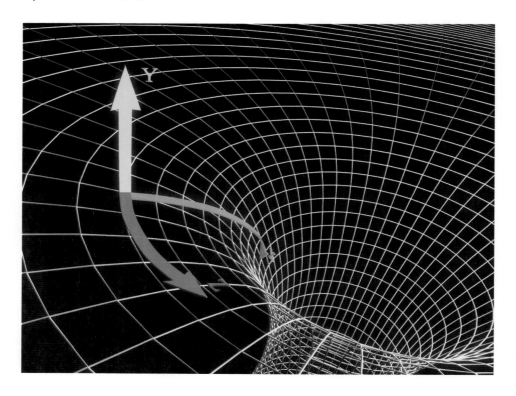

黑洞形成模拟示意图

那么，黑洞是怎样形成的呢？其实，跟白矮星和中子星一样，黑洞很可能也是由恒星演化而来的。

当一颗恒星衰老时，它的热核反应已经耗尽了中心的燃料——氢，由中心产生的能量已经不多了。这样，它再也没有足够的力量来承担起外壳巨大的重量。所以在外壳的重压之下，核心开始坍缩，直至最后形成体积小、密度大的星体，重新有能力与压力平衡。

质量小一些的恒星主要演化成白矮星，质量比较大的恒星则有可能形成中子星。而根据科学家的计算，中子星的总质量不能大于3倍太阳的质量。如果超过了这个值，那么将再也没有什么力能与自身重力相抗衡了，从而引发另一次大坍缩。

根据科学家的猜想，物质将不可阻挡地向着中心点进军，直至成为一个体积趋于零、密度趋向无限大的"点"。而当它的半径一旦收缩到一定程度，正像我们上面介绍的那样，巨大的引力就使得光也无法向外射出，从而切断了恒星与外界的一切联系——黑洞诞生了。

黑洞的本领

　　与别的天体相比，黑洞是显得太特殊了。例如，黑洞有"隐身术"，人们无法直接观察到它，连科学家都只能对它内部结构提出各种猜想。那么，黑洞是怎么把自己隐藏起来的呢？答案就是——弯曲的空间。我们都知道，光是沿直线传播的。这是一个最基本的常识。可是根据广义相对论，空间会在引力场作用下弯曲。这时候，光虽然仍沿任意两点间的最短距离传播，但走的已经不是直线，而是曲线。形象地讲，光本来是要走直线的，只不过强大的引力把它拉得偏离了原来的方向。

　　在地球上，由于引力场作用很小，这种弯曲是微乎其微的。而在黑洞周围，空间的这种变形非常大。这样，即使是被黑洞挡着的恒星发出的光，虽然有一部分会落入黑洞中消失，可另一部分光线会通过弯曲的空间中绕过黑洞而到达地球。所以，我们可以毫不费力地观察到黑洞背面的星空，就像黑洞不存在一样，这就是黑洞的隐身术。

　　更有趣的是，有些恒星不仅是朝着地球发出的光能直接到达地球，它朝其他方向发射的光也可能被附近的黑洞的强引力折射而能到达地球。这样我们不仅能看见这颗恒星的"脸"，还同时看到它的侧面甚至后背。

黑洞的毁灭

　　所有的黑洞都会蒸发，只不过大的黑洞沸腾得较慢，辐射非常微弱，因此令人难以觉察。但是随着黑洞逐渐变小，这个过程会加速，以

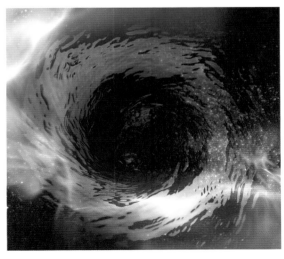

致最终失控。

黑洞萎缩时，产生更多的逃逸粒子，从黑洞中掠夺的能量和质量也就会越来越多。黑洞萎缩得越来越快，促使蒸发的速度变得越来越快，周围的光环变得更亮、更热，当温度达到10^{15}℃时，黑洞就会在爆炸中毁灭。

如果将宇宙比作一个无边无际的浴盆，那么黑洞就是这个超级浴盆的下水道。它那巨大无比的引力，形成了一个极强的旋涡，任何靠近它的物质都会被吸进去。黑洞犹如一个神秘的监狱，它将所有的东西牢牢囚禁在里面，甚至连光线也无法逃脱。黑洞就像一个永远吃不饱的魔鬼，它不断地吞噬物质，将它们压碎，自己则慢慢地长大。

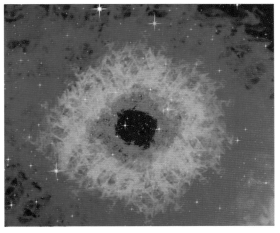

实际上，将宇宙比作一个浴盆是很恰当的。对于一个微小物体来讲，水管是一个房间的浴盆通向其他房间浴盆的唯一通道。而黑洞则是我们的宇宙与理论上可能存在的无数其他宇宙之间联系的唯一路径。

任何物理定律在黑洞中都全部失效，质量也非物质化。黑洞的边缘是个有去无回的界限，物质在被吸入时会发射出极强的X射线，如同临终前发出的绝望哀叹，也正是这绝望哀叹才使我们"看见"黑洞。

黑洞为我们解答许多科学难题提供了线索，引导我们在没有边界、超越了时空概念的宇宙空间遨游。

充满奇
异色彩的浩
瀚宇宙

Xiao Xing Xing
Hui Zhuang
Da Xing Xing Ma

小行星会撞
大行星吗

小行星会撞击地球吗

科学家们对几种小行星和其他行星之间的相撞问题进行了研究。目前，已知有几十颗阿莫尔型、阿金型和阿波罗型的小行星，它们的运行轨道处在火星、地球和金星的轨道范围内。

新西兰学者统计了直径在1000米以上的这类小行星的总数，考虑到行星的运行特点，从而测定了这些小行星与大行星相撞的平均概率。其实，同其他行星相比，地球与小行星的相撞概率会更高些：平均16万年就会发生一次；而金星平均30万年一次，火星平均150万年一次，水星平均500万年一次。

小行星的寿命

当然，对于地球以外的行星来说，这种撞击几乎无关紧要；而对小行星来说则将了却它自己的一生。运行轨道处在太阳系范围内的小行星的平均寿命是多少呢？只会同火星相撞的阿莫尔型小行星的平均寿命约为 3×10^9 年。运行轨道只横穿地球轨道的阿金型小行星的寿命总共只有 2.5×10^7 年。运行轨道横穿所有类地行星轨道的阿波罗型小行星的寿命约为 10^8 年。

不过，阿波罗型和阿摩尔型小行星除有可能与大行星相撞外，还可能与处在火星与木星之间的小行星带中的小行星相撞，从而更加缩短了这些小行星的寿命。

小行星的大威胁

近地小行星究竟距地球有多近呢？20世纪30年代，近地小行星频繁造访地球。1936年2月7日，小行星阿多尼斯星在距地球220万千米的地方掠过地球。1937年10月30日，赫米斯星更是让人惊叹，它跑到地球身旁70万千米处。

天文学家认为，这些小行星在运行中遭遇什么不幸，如受地心引力作用，有可能会撞上地球。

也有天文学家认为，尽管有些小行星轨道并不与地球轨道完全重合，有一定的倾角，但是由于小行星在大行星的摄动作用下，轨道会和地球轨道相交，与地球相撞也就成为可能了。

恐龙灭绝之小行星碰撞说

小行星碰撞说认为：大约在6500万年前，一颗直径为千米左右的小行星与地球相撞，猛烈的碰撞卷起了大量尘埃，使地球大气中充满了灰尘并聚集成尘埃云，厚厚的尘埃云笼罩了整个地球上空，挡住了阳光，使地球成为暗无天日的世界，这种情况持续了几十年。

缺少了阳光，植物赖以生存的光合作用被破坏，大批的植物相继枯萎而死，身躯庞大的食草恐龙根本无法适应这种突发事件引起的生活环境的变异，只有在饥饿的折磨下绝望地倒下；以食草恐龙为食源的食肉恐龙也相继死去。

上图：小行星快速落入地球大气

中图：小行星撞击地球瞬间

下图：小行星撞击地球引起爆炸

　　1991年，美国科学家用放射性同位素方法，测得墨西哥湾尤卡坦半岛的大陨石坑直径约180千米，陨石年龄约为6505.18万年。从发现的地表陨石坑来看，每百万年有可能发生3次直径为500米的小行星撞击地球的事件，更大的小行星撞击地球的概率就更小。

碰撞后的大灾难

　　恐龙在地球上消失了，同时灭亡的还有翼龙、蛇须龙、鱼龙等爬行动物，以及菊石、箭石等海洋无脊椎动物。

　　中生代末地球上有动、植物2868属，至新生代初仅剩1502属。75%的物种灭绝了，这是真正的生物界的大毁灭。不仅如此，地动山摇的灾变对地质、海洋和气候也都有难以估量的影响。地球历史中所发生的重大事件都与碰撞密切相关，这些事件的爆发造成了地球环境的灾变，从而导致生物大规模灭绝。这种灭绝又为生物进一步进化铺平了道路，一些生命消失了，另一些生命诞生了，也进化了。

怪星是否
真的存在

发现怪异星体

2008年，从美国"凤凰号"探测器对火星着陆探测并发回拍摄的系列照片中发现离火星不远处有一颗怪异的星体，根据照片上的颜色考证，它可能是天文界争议已久的一种冷热共栖星体。

关于这颗共生星体的照片显示：星体中心是一种低温体，但是在它的周围有一层高温星云包层，它的表面温度高达几十万度以上。

这是一种什么星体呢？为何一颗星体会容纳如此之大的温差呢？天文学家经过慎重研究与考证后认为，这是一颗名副其实的共生星体。

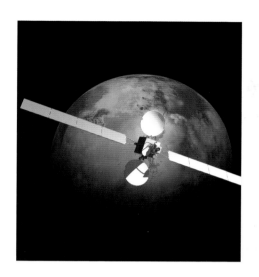

共生星的得名

关于这种怪异星体的发现，最早是在20世纪30年代。当时，天文学家在观测星空时发现了这种奇怪的天体。对它进行的光谱分析表明，它既是"冷"的，只有2000至3000度；同时又是十分热的，达到几十万度。也就是说，冷热共生在一个天体上。

1941年，天文学界把它定名为共生星，是一种同时兼有冷星光谱特征和高温发射星云光谱复合光谱的特殊天体。

几十年来，全球天文学家已经发现了100多个这种怪星。许多天文学家为解开怪星之谜耗费了他们毕生的精力。

我国已故天文学家、前北京天文台台长程茂兰教授早在20世纪四五十年代在法国就对共生星进行过多种观测与研究，在国际上有一定的影响，我国另外一些天文学家也参加了这项揭谜活动。

一大奇谜

共生星成了现代宇宙学界的一大奇谜，国际天文学家为此举行了多次讨论会议。

在1981年的第一次国际"共生星现象"讨论会上，人们只是交流了共生星的光谱和光度特征的观测结果，从理论上探讨了共生星现象的物理过程和演化问题。

在那以后，观测共生星的手段有了很大发展。天文学家用X射线、紫外线、可见光、红外线及射电波段对共生星进行了大量观测，积累了许多资料。

到了1987年，第二次国际"共生星现象"讨论会上，科学家们进行了多方面的成果公布与讨论，表明怪星之谜的许多方面虽然已为人

运行于
浩瀚宇宙中
的地球

类所认识，但它的谜底仍未完全揭开。

近年来，天文学家用可见光波段对冷星光谱进行的高精度视向速度测量证明，有不少共生星的冷星有环绕它和热星的公共质心运行的轨道运动，这有利于说明共生星是双星。

人们还通过较高空间分辨率的射电波段进行探测，查明许多共生星的星云包层结构图，并认为有些共生星上存在着"双极流"现象。

"单星"说

最初，一些天文学家提出了"单星"说。他们认为，这种共生星中心是一个属于红巨星之类的冷星，周围有一层高温星

云包层。红巨星是一种晚期恒星，它的密度很小，体积比太阳大得多，表面温度只有两三千度。可是星云包层的高温从何而来，人们还是无法解释。

太阳表面温度只有6000度，而它周围的包层——日冕的温度却达到百万度以上。能不能用它来解释共生星现象呢？日冕的物质非常稀薄，完全不同于共生星的星云包层。因此，太阳不算共生星，也不能用来解释共生星之谜。

"双星"说

哈佛大学天文学家亚瑟与西班牙科学家保罗认为，共生星是由一个冷的红巨星和一个热的矮星，即密度大而体积相对较小的恒星组成的双星。但是，当时光学观测所能达到的分辨率不算

太高，其他观测手段尚未发展起来，人们通过光学观测和红移测量测不出双星绕共同质心旋转的现象，而这是确定是否为双星的最基本物质特征之一。因此，双星说并未能最后确立自己的阵地，有的天文学家就明确反对双星说，这其中一个重要原因是迄今为止未能观测到共生星中的热星。科学家们只不过是根据激发星云所属的高温间接推论热星的存在，从理论上判断它是表面温度高达几十万度的矮星。许多天文学家都认为，对热星本质的探索，应当是今后共生星研究的重点方向之一。

此外，他们认为今后还要加强对双星轨道的测量，并进一步收集关于冷星的资料以探讨其稳定性。

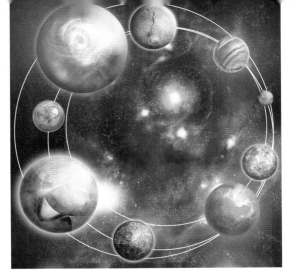

位于火星不远处的一颗怪异
星体 —— 共生星

共生星由于经常大量释放能量
而导致亮度极大

理论模型

有的天文学家对共生星现象提出了这样一种理论模型：共生星中的低温巨星或超巨星体积不断膨胀，其物质不断外逸，并被邻近的高温矮星吸积，形成一个巨大的圆盘，即所谓的"吸积盘"。吸积过程中产生强烈的冲击波和高温。由于它们距离我们太远，我们区分不出它们是两个恒星，而看起来像热星云包在一个冷星的外围。

其实，有的共生星属于类新星。类新星是一种经常爆发的恒星，所谓爆发是指恒星由于某种突然发生的十分激烈的物理过程而导致能量大量释放和星的亮度骤增许多倍的现象。

仙女座Z型星是这类星中比较典型的。这是由一个冷的巨星和一个热的矮星外包激发态星而组成的双星系统，爆发时亮度可增大数十倍。它具有低温吸收线和高温发射线并存的典型的共生星光谱特征。

何时揭开共生星之谜

天文学家们指出，对共生星亮度变化的监视有着重要意义。通过不间断的监视可以了解其变化的周期性及是否爆发，从而有助于揭开共生星之谜。但是，共生星光变周期有的达到几百天，专业天文工作者不可能连续几百天盯住这些共生星。因此，他们特别希望广大的天文爱好者能共同来完成这项工作。

揭开共生星之谜，对研究恒星物理和恒星演化都有重要的意义。但要彻底揭开这个天体之谜，无疑还需要付出许多艰苦的努力。

陨石雨的
未解之谜

世界各地陨石雨

2013年2月15日，俄罗斯境内车里亚宾斯克州、秋明州、斯维尔德罗夫斯克州，以及哈萨克斯坦境内北部地区遭遇陨石雨。这次陨石雨破坏了很多楼房窗户的玻璃，仅车里雅宾斯克州就有1147人受伤，其中儿童259名。

1935年3月12日在波兰华沙的洛维茨西南曾出现过一次陨石雨，在9平方千米的地面上，找到58块陨石，一共重59千克，其中最重的一块陨石约10千克。

在法国蒙多邦城南郊，1864年5月14日20时，天空忽然出现一颗比月球还大、周围发射火花的流星，向各方散出炽热的碎片，法国多地都有人看见。约5分钟后，人们听见雷霆般的响声，在村子附近，石头像雨点般落下。村民拾取时，陨石还是烫的，有的人手指还被烫伤，草也被热气烤焦变黄。后来科学家对一些表面熔融得像涂上黑漆般的陨石进行化学分

析，知道这些陨石含有铁和镁的碳化物、磁性硫化铁和氢氯化氨等。

陨石里面是什么

1969年2月8日，在墨西哥阿仑德一带，下了一场规模不小的陨石雨，降落范围估计在260平方千米左右。

已收集到2000千克以上的陨石，其中最大的一块重约110千克，科学家通过对陨石的化学成分分析，发现里面含有钙、钡、钕等元素。这几种元素按照目前关于太阳系起源的原理，是很难形成的。陨石里为什么会有这几种元素呢？于是有人联想到太阳伴星问题。

在天文学上，人们习惯把较亮的那颗星叫主星，较暗的一颗叫伴星，人们把这样的星星称为双星，相对于双星的则是单星。此外，还有聚星。在银河系里，双星、聚星占多数，单星很少，太阳就是其中的一颗。

陨石里的三种元素来自哪里

有人曾对此持怀疑态度，认为太阳有可能有伴星。1984年，美国加利福尼亚大学教授马勒和同事共同提出了太阳有伴星的假说。与此同时，美国路易斯安那州的教授维特密利和杰克逊等人也提出了同一假说。

他们认为，太阳还应与一个未发现的恒星组成双星系统，那颗伴星很可能是一颗暗弱的矮星，质量是太阳的1／10，大约每2600万年与太阳接近

陨石撞击
行星瞬间放出
巨大的光和热

一次。

　　天文学家一直试图从距离较近的5000多颗恒星中寻找这颗伴星，但一直没有找到。科学家们对阿仑德陨石雨的研究，为寻找太阳的伴星带来新的希望。

天文学家们的推测

　　根据阿仑德陨石雨，天文学家们曾作过这样的推测，大约在50亿年以前，太阳系还是一团气体和尘埃，离它很近的一颗恒星不知是什么原因发生了大的爆炸，把许多物质抛向了天空，其中就有钙、钡、钕等元素。

　　一部分被抛入太阳星云使太阳星云猛烈收缩，其核心部分形成了太阳，周边部分形成了行星。

　　阿仑德陨石可能就是50亿年前爆炸的那颗恒星抛入空间的物质。太阳的这颗伴星与太阳的距离将比地球轨道远1000倍，约为1500亿千米。

　　那么科学家为什么没有找到这颗伴星呢？有人认为，它可能是一颗太暗的中子星，也可能是一个黑洞，所以人们很难见到它。

　　阿仑德陨石中的稀有元素到底来自何处，谜底还有待于科学家们进一步的探索。

Tian Shi
Mao Fa
Zhi Mi

"天使毛发"之谜

天上为何会掉物体呢

科学家福特的第一本著作《受诅咒者之书》是从关于对天上掉下来的奇怪物体的讨论开篇的。

天上坠物也可能是他最喜欢谈的现象，他从科技刊物中收集到很多令人惊讶的天上坠物的报告：从雪花石膏到蠕虫，但更多的是青蛙、鱼和冰块，有时候它们在暴风雨或者阵雨天气掉下来，可有时候，它们也会在晴朗的天气里掉下来，这看起来非常神秘。

许多人只是模模糊糊地记得，曾有过奇怪落物的报道，但怀疑这些报

道只不过是些奇谈怪论，不可能是真实的事件。

没有哪位真正研究过这些现象的人会持同样的观点。无可置疑，许多东西的确像雨一样是从天上落下来的。

虽然福特的时代发生过这样的事，但在今天仍然会有这样的事情发生，而且同样什么杂物都有，种类极为丰富。这个神秘现象与天气无关，而是它们为什么会掉下来和怎样掉下来的。

是从飞机上掉下来的吗

有很多物品，人们以为是从飞机上掉下来的东西。落在巴恩斯的那条烤熟的比目鱼据说就是

一种机上餐食，不过，机上人员在半空中抛食物下来的可能性是很小的，一般是堆在飞机上，直至降落后再抛掉。

落在克莱格各克哈特网球场的粪便，开始有人认为是飞机上的厕所功能不正常落下来的，因为有好几种经鉴定的纯洁冰落在地上。

这个解释好像合理一些，因为爱丁堡至伯明翰的航班当时正从头上经过。可是，对该机所有厕所的检查又排除了飞机出问题的可能性。

天上落下的"天使毛发"

多年前，天上落物当中最神秘的一种物体就是天使毛发，这是一种明显呈胶凝状的材料形成的细丝，它们从天上掉下来，跟地面接触以后就化解掉了。

它有时候会与飞碟联系在一起，记录在案的有很多例子，表明它实际上是飞碟排放出来的一种固体的废物。

1952年10月17日，在法国奥洛伦上空，人们看到了一个狭长的圆柱体，旁边还有大概30个更小的物体。它们的后面都挂着天使毛发。很多落在地上，矮树林和电话线上还挂了一些，一直存在了几个小时。

"天使毛发"是蜘蛛网吗

自20世纪50年代以来，关于天使毛发的报告越来越少了，也许部分是因为在20世纪70年代，UFO研究中心已经找到一些材料并进行了分析。

研究发现那些天使毛发只不过是一种蜘蛛网，可是，蜘蛛网本身也有很神秘的特点。

它们有时候会以极不平常的数量堆在一起。比如，1988年10月4日夜里，在英吉利海峡巡逻的海岸卫兵报告说，他们看到一个蜘蛛网云，估计约有77000平方米的面积。

在现代战场上，蜘蛛网还有凶险的含义。在波斯尼亚冲突中，有好几份报告说有一种"神秘的网样的物质"从塞尔维亚释放出来，一直飘到人们的头上。

科学家们拿到了几份样品进行分析。在显微镜下，它们看上去好像是一种合成物，而不是天然的蜘蛛网。不过，塞尔维亚人释放出这种明显无害的物质的动机却仍然是一个让人们颇费猜疑的问题。

红色飞球
从哪来的

神秘的红色飞球

　　1986年2月28日19时55分，俄罗斯远东小城达利涅戈尔斯克的居民们，亲眼看到了一场空中奇观：一个从西南方向飞来的有点发红的飞球，横穿该城上空，陨落在市郊的一个叫"611高地"的山顶。它飞行时与地面平行，无声无息，而且不留任何痕迹。

　　离飞球最近的一个目击者当时正在汽车站等车。飞球从他头顶掠过。机械师坎达科夫说："这个飞球的直径看上去约2至3米，呈球形，既没有突出部分，也没有凹陷部分，其颜色恰似烧得有点发红的不锈钢。"

　　许多目击者都以为飞球落地时会发生爆炸，可出人意料的是：只有一个目击者听到轻微而低沉的撞击声。飞球陨落时将突出的悬崖撞碎一块，受撞击的岩石急剧变热发光，其光亮度与电焊时产生的弧光相似。

科学家的推断和假说

事发后，俄罗斯科学院远东分院派出一个科学家调查小组赶赴飞球陨落现场，进行了两昼夜的调查，并对天降飞球事件提出种种推断和假说。

有人认为，这是自然界中产生的一次极为罕见的球状闪电现象，至少是一次线状闪电；还有人认为，它是一颗年久老化脱轨的人造卫星，掉入大气层烧毁后坠到地上。

另一些人推断，这也许是运载火箭与卫星体分离后坠入大气层燃烧变成火球掉到地上；但一些权威学者倾向于这样一种观点：天降飞球很可能是外星智能生物的一个失控装置。

小铅粒的构造

详尽考察发现，现场散落着总重约0.07千克的铅合金球粒，它们被溅入、散落在岩石碎块和附近的岩壁中，还有些铅粒被埋在灰烬和泥土里，小铅粒的直径多为0.005米，大的可达0.003至0.006米。

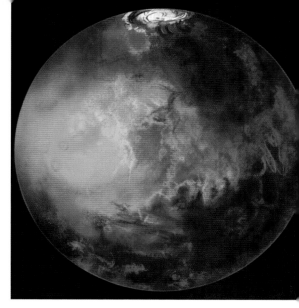

这些铅粒中，有4颗呈边缘锋利的不规则六边形，重量最大的约0.002千克。大部分铅粒呈水珠状。铅粒的成分复杂，许多铅粒是纯铅，而有些铅粒却含有许多杂质。

化验的结果表明，其中一颗含有4至5种元素，而另一颗则由多达17种元素组成，其中有稀土元素镧、锆、镨、铯、钼、钨……甚至还有钇，而大部分成分是碱，即钠和钾。

通过电子显微镜观察发现，几乎所有小铅粒都具有通向其内部的小孔，这些小孔是否系人为的机械加工而成，长期以来一直是个谜。

网状物质是什么

发现的另一种物质呈网状，这是一种黑色、发脆的类玻璃物质。俄罗斯的碳专家库里科夫惊叹道："这到底是什么物体？眼下真令人费解。它像碳素玻璃，但生成条件却尚不确知。它有可能是在普通火灾中生成的，但也可能是在超高温条件下的产物。"

科学家实验发现，网状物质经过液氮的沐浴后会被拉向磁铁一方，即表现出与玻璃陨石相似的磁特性，在常态下能生成绝缘体，稍一加热可生成半导体，若在真空中加热则生成导体。

这种网状物质在真空中能耐受住3000度高温，但在空气中，温度一旦达到8900度就会燃烧。它还含有金、银、镍、镧、镨、钠、钾、锌、铅、钇等元素。最令人费解的是，对网状物质进行真空加热后，它内部原先所含的金、银和镍不但突然不翼而飞，而且又神奇般地出现了原先所没有的钼元素。

在太空中飞舞、撞击的陨石

Wei Shen Me
Hui Chu Xian
Gun Lei

为什么
会出现滚雷

闪电与滚雷

闪电是常见的自然现象，在夏天暴风雨来临的时候，突然出现一道白光，紧接着就是"轰隆隆"的响声。闪电和响声，这就是雷电的基本特征。

在雷电发生的时候，还能看到它的形状，大多是像倒置的树枝形，也有条状和片状，都是一闪而过，给人强烈的印象。

有一种奇特的闪电，总是飘飘忽忽，缓慢地移动，能持续几秒钟，民间称它为滚雷，科学家叫它球状闪电。

球状闪电是一个无声的火球，直径大多为0.1至0.2米，消失的时候可能有爆炸声，也可能无声无息。球状闪电不放白光，可能是红色、黄色，也可能是橙色。它有时会出现在高空。

球状闪电捣得鬼

1962年7月的一天，在著名的泰山上，一个球状闪电通过窗户钻进一间民房，缓慢地在室内飘动，最后钻进了烟囱，在烟囱口爆炸，只炸掉烟囱的一个角，而民房内仅仅震倒一个热水瓶。

在欧洲，一个雷声隆隆的夜晚，有人看到一个黄色的火球从树上滚下来，黄色变蓝色，蓝色变红色，越滚越大，落到地面，一声巨响，变成三道光，向三个方向飞去，其中一道光击倒了一个人。

200多年前，俄国科学家里奇曼研究雷电，重复富兰克林的风筝实验，没料想一个球状闪电脱离避雷针，无声无息地飘在实验室内。这个只有拳头大的火球在靠近里奇曼脸部的时候突然爆炸。里奇曼立即倒地身亡，其脸上留下了一块红斑，一只鞋也被打穿了两个洞。

球状闪电是怎么形成的

球状闪电是怎么形成的？至目前为止，还只能说不知道。曾经有科学家作过一些解释，但没有形成统一的看法。

在天空
中肆虐横行
的闪电

　　一种看法是美国科学家提出来的。他们在北美洲平原拍下了12万张闪电照片，得出一个看法：球状闪电是从常见的闪电末端分离出来，是一些等离子体聚集而成的。

　　另一种看法是苏联科学家提出来的。1956年，大气物理学家德米特里耶夫有一次巧遇，当时他在奥涅加河边度假。有一天傍晚，遇上了暴风雨和雷电，突然他看到一个淡红色的火球在离地面一人高的地方朝着他滚来，火球边缘放出黄色、绿色和紫色的小火花，发出"噗噗"的声音。火球滚到他眼前，拐了个弯向上升起，之后滚到树丛中消失了。德米特里耶夫出于职业的敏感，立即采集了球状闪电经过的地方的空气，拿到实验室分析，知道空气里的臭氧和二氧化碳增加了。

科学家的分析

　　于是，有些科学家就作了一些理论分析，估计球状闪电内部的温度达到1500至2000度，在这样的温度下，空气中的氮的性质发生了变化。从不活泼变得活泼起来，并能与空气中的氧生成二氧化氮。同时，在2000度的高温下，也容易形成臭氧，臭氧很不稳定，又分解并放出能量，空气的温度迅速上升，人们就看到了火球。

　　实验证明，二氧化氮和臭氧两种气体同时存在的时间，大约为14至2400秒。这种说法可以归结为空气中存在着发光气体。还有两种看法是：等离子层内的微波辐射，以及空气和气体活动出现反常。

为何白天出现黑暗

白天变成了黑夜

在晴朗的日子里，阳光灿烂，可突然间就漆黑如黑夜一般，短时几十分钟，长时延续到黑夜。这既不是日食，也不是发生在龙卷风之前。虽然只是区域性的暂时情况，但是这种现象在我国和世界许多地方都曾经出现。

1944年秋天的一个下午，在我国辽宁省班吉境内，晴朗的天空突然一片漆黑，伸手不见五指。人们惊慌失措、呼天喊地、一片混乱，觉得马上就要天塌地陷了。大约一个小时的工夫，天空又恢复了光明。阳光依旧照着，渐渐平静下来的人们，对那奇异的时刻记忆犹新。

美国和英国的黑夜

美国新英格兰垦区，1980年5月19日早晨，人们和往常一样忙忙碌碌地去上班。10

时，突然天黑地暗，好像进入了茫茫黑夜，每个人都惊恐万分。这种现象竟然持续到第二天黎明。

在英国的普雷斯顿，也曾出现过白天里的黑暗。1884年4月26日天空变暗，天渐渐黑下来，约20分钟后才重又出现阳光。

据当时的人们回忆，这种白天里出现黑暗的现象都是突然发生的，之前没有发现什么异常征兆，之后也没有发生其他异常情况。

科学家们的说法

为什么会出现这种天象呢？至今科学家们也都说法不一，有的说和火山爆发有关，有的说很可能与天外星球来客有关。后一种观点认为，天外来客从地球上空穿过时，虽然悄无声息，但其巨大的面积形成地球上某个地方的暂时黑暗。

迄今为止，这种神秘的现象仍然是个谜。

Tai Yang Xi
Qi Yuan De
Xue Shuo

太阳系起源的学说

太阳系起源的灾变学说

这个学说的首创者是法国的布封。20世纪前50年，有一些人相继提出太阳系起源于灾变。

这个学说认为太阳是先形成的。在一个偶然的机会中，一颗恒星或彗星从太阳附近经过或撞到太阳上，它把太阳上的物质吸引出或撞出一部分。这部分物质后来就形成了行星。

根据这个学说，行星物质和太阳物质应源于一体。它们有"血缘"关系，或者说太阳和行星是母子关系。

他们都把太阳系起源归结为一次偶然撞击事件，而不是从演化的必然规律去进行客观的探讨，因为银河系中行星系是比较普遍的，太阳系绝不应是唯一的行星系。只有从演化的角度去探求才有普遍意义。

就撞击来说，小天体如果撞击到太阳上，它的质量太小，不可能把太阳上的物质撞出来，这样的话，小天体必被太阳吞噬掉。

1994年彗星撞击木星就是极鲜明的例证。21块残骸对木星发起连续地攻击，在木星表面仅引起一点小涟漪，被消化掉的是彗星。如果说恒星与太阳相撞，这种概率就更小了。因此，一些曾提出灾变学说的人，后来也自动放弃了原有的观点。

太阳系起源的星云说

星云说首先由德国哲学家康德提出来，几十年以后，法国著名数学家拉普拉斯又独立提出了这一问题。他们认为，整个太阳系的物质都是由同一个原始星云形成的，星云的中心部分形成了太阳，星云的外围部分形成了行星。

然而康德和拉普拉斯的观点也有着明显差别，康德认为太阳系由冷的尘埃星云进化、演变，先形成太阳后形成行星。

拉普拉斯则相反，他认为原始星云是气态的，并且十分灼热，因其迅速旋转，先分离成圆环，圆环凝聚后形成行星，太阳的形成要比行星晚。

尽管他们的观点之间有差别，但是他们大前提是一致的，因此人们便把他们的观点捏在一起，称"康德–拉普拉斯假说"。

星云说认为地球不是上帝创造的，也不是在某种巧合或偶然中产生的，而是自然界矛盾发展的必然结果，从唯物主义观点，就物质的运动规律去说明天体的演化，星云假说起了很大的作用。恩格斯曾赞扬康德的"星云说"，他指出，康德关于目前所有的天体都从旋转的星云团产生的学说，是从哥白尼以来天文学取得的最大进步。他认为自然界在时间上没有任何历史的观念第一次被动摇了。

然而，由于历史条件的限制，这个星云说也存在一些问题，但它认为整个太阳系包括太阳本身在内，是由同一个星云主要是通过万有引力作用而逐渐形成的这个根本论点，在今天看来仍然是正确的。

太阳系起源的俘获学说

这一学说认为太阳在星际空间运动中，遇到了一团星际物质，太阳靠自己的引力把这团星际物质捕获了。

后来，这些物质在太阳引力作用下加速运动，类似在雪地里滚雪球一样，由小变大，逐渐形成了行星。

根据这个学说，太阳也是先形成的。但是，行星物质不是从太阳上分出来的，而是太阳捕获来的。它们与太阳物质没有"血缘"关系，只是"收养"关系。

尽管各种假说都有充分的观测、计算和理论根据，但也都有致命的不足，所以一直也没有一种被普遍接受的假说。太阳系在等待着新的假说。

Tai Yang
Wen Du De
Ce Liang

太阳温度的测量

根据太阳的辐射

我们平时所看到的太阳圆轮是太阳的表面，称为光球。光球外面是太阳大气，依次称为色球和日冕。色球和日冕平常看不到，只有在日全食时才能看到。太阳光球温度约为6000度，这是根据它的辐射计算出来的。

太阳每时每刻向宇宙空间不停地以光辐射的方式输送巨大的能量。

科学工作者可以通过专门仪器测定出太阳的辐射量。但是，光知道太阳辐射量还不能确定太阳的温度，还必须知道物体的总辐射量与它的温度之间的关系。

上图：太阳光球温度约为6000度，颜色为黄白色

下图：太阳日冕，可以在发生日全食时看见

　　1879年，物理学家斯特凡指出，物体的辐射量与它的温度的4次方成正比。这样的话，在测得太阳辐射量以后，再根据这个关系式就可以计算出太阳表面的温度了，计算的结果约为6000度。

根据太阳的颜色

　　另一种方法是根据太阳的颜色来估计它的温度。我们知道，一个物体被加热以后，它的颜色会不断变化，通常是：600度为深红色，1000度为鲜红色，1500度为玫瑰色，3000度为橙黄色，5000度为草黄色，6000度为黄白色，12000至15000度为白色，25000度以上为蓝白色。

　　太阳的颜色是黄白色的，温度就约为6000度。我们平常看到的太阳是金黄色或其他颜色的，那是由于受了地球大气影响的缘故。

太阳与人类的关系

太阳系的王者

"万物生长靠太阳"，太阳确实对我们这些以太阳系的一颗行星——地球为家的人类来说太重要了、太熟悉了、太亲切了！它是太阳系的中心，在太阳系里它是"王者"，几乎主宰了太阳系里的一切。然而在整个宇宙中它是那样的不起眼，整个宇宙中像银河系这样的星系，大约有1000亿个，而银河系中的恒星大约有1200亿颗或更多，太阳不过是其中十分普通的一员。同在银河系的牵牛星与织女星都比太阳大很多。

人类自有文明以来，不断地探索、认识客观世界，对太阳也不例外，开始是把它作为神来崇拜，我们中华民族曾把自己的祖先炎帝尊为太阳神。以后认为天圆地方，再后认识到地球是一个圆球，但长时期都认为地球是宇宙的中心（从公元前到托勒密都主张地心说），直至16世纪哥白尼才创立了日心说，包括布鲁诺、伽利略都因此而受到教廷的残酷迫害。当然以后证明太阳也不是宇宙的中心，但哥白尼等人的贡献是伟大的，根本动摇了欧洲中世纪宗教神学的理论基础，恩格斯曾说："从此自然科学便开始从神学中解放出来。"

太阳的功能

　　我们的太阳系，除太阳而外有8颗行星，这些行星周围有几十颗卫星，有无数的小行星还有相当数量的彗星，太阳占了太阳系总质量的98%以上。太阳与地球的距离约1.5亿千米，它的半径约69.6万千米，是地球的100多倍，表面温度约为6000度，中心温度高于1500万度。太阳的构造，由内而外大体上是核心、辐射层、对流层、光球、色球和日冕，我们通常看到的是它的光球。

　　事物总是发展的、变化的，有始也有终。据研究，太阳形成于50亿年前，它的寿命还有50亿年，即主序星阶段的结束，现在处于相对成熟稳定的阶段，有利于地球上生命的存在和发展。宇宙中不同质量的恒星其演变历程也有所不同，像太阳这样中等个头的恒星，现在属于黄矮星，几十亿年后将成为一颗红巨星，最终成为白矮星乃至"熄灭"，地球是太阳系的一员，应该是与太阳同呼吸共命运的。

　　太阳是一个巨大的核聚变反应堆，主要是氢聚变为氦，发出巨大的能量。以它的光芒照射着我们的地球，是地球能量的主要来源。太阳的辐射，主要是可见光，也有红外线和紫外线，可见光占太阳辐射总量的50%，红外线占43%，紫外区只占能量的7%。据粗略估计，太阳每分钟向地球输送的热能大约是250亿亿卡，相当于燃烧4亿吨烟煤所产生的能量。平均日地距离时，在地球大气层上界垂直于太阳辐射的单位表面积上所接受的太阳辐射能有1353瓦/平方米，这是相当可观的，到达地球表面的辐射能则因大气和尘埃的反射、折射有一定的衰减，并随纬度的不同而有差异。煤炭和石油则是通过生物的化石形式保存下来的亿万年以前的太阳能，风能、水力归根结底也是太阳能的转化形式。

太阳能的利用

生命起源需要能量，生命要维持和延续也需要能量。一定的温度条件也是生物生存和延续所必需的，最低限度是水必须保持液态。太阳给我们带来温暖和光明，提供了必需的能量。如今对太阳能最主要的利用是通过植物的光合作用来实现的。有资料表明，地球上的植物每年固定了3×10^{21}焦耳的太阳

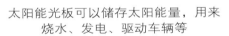
太阳能光板可以储存太阳能量，用来烧水、发电、驱动车辆等

太阳是地球不可缺少的热量和动力来源

能，相当于人类全部能耗的10倍，合成近2000亿吨有机物。对我们人类来说，通过光合作用不断产生的有机物是太阳的最基本的恩赐。太阳辐射还能帮助我们推动地球上物质的循环和流动。日光中的紫外线能杀灭许多有害的微生物，照射皮肤可以将摄入的一些营养成分转化为我们所必需的维生素D，帮助钙的吸收、利用。

当今通过科学技术装备，人们扩大了对太阳能的直接或间接的利用。最简单的就是太阳能热水器，再就是太阳能发电，用太阳能驱动车辆。日光被聚焦或能达到很高的温度，现在世界上最大的抛物面型反射聚光器有9层楼高，总面积2500平方米，焦点温度高达4000度，许多金属都可以被熔化。

在地球上的化石能源逐渐趋于枯竭、污染严重的情况下，科学家对安置在地面或太空中的太阳能电站寄予很大的期望。由于在高空的静止轨

道上每天可以有90%以上的时间受到阳光照射，并且没有大气层的阻挡衰减，据计算每天每平方米能接收太阳能32千瓦·时。

在20世纪70年代，美国国家航空航天局和能源部曾提出了一个空间太阳能电站方案，在静止轨道上部署60个发电能力各为500万千瓦的太阳能电站，可以基本上满足本国对电能的需要。

日本有一个计划，在若干年后，将一颗发电能力为100万千瓦的卫星送上距离地球表面约3.6万千米的轨道。甚至还有科学家设想在月球上建立太阳能电站。

我国的西藏、青海等地区，日照比较强，近年来地面的太阳能发电装置发展较快。西藏平均海拔4000米，空气稀薄，透明度好、纬度低，年日照时数在3000小时左右，太阳能年辐射总量为185千卡/平方厘米以上，据测算，西藏通过太阳能的开发利用年节能相当于12.7万吨标准煤。

太阳的危害

    然而，太阳对我们也不是有百利而无一弊的，相对稳定不等于不变，地球上许多地质和气象灾害都与太阳活动有关。地球的发展史上有过多次冰河期，每次冰河期地球气候变冷，甚至会导致生物物种的大量灭绝，在10000年前，最后一次冰河期结束，地球的气候才相对稳定在当前人类习以为常的状态。约11.2年的太阳黑子周期，对地球的气候等方面有相当的影响。

    太阳风也是一种太阳辐射，它是带电粒子流。在太阳黑子、耀斑增多和日冕物质喷发时，会使太阳风大大增强，成为太阳风暴，引起大气电离层和地磁的变化，会严重干扰地球上无线电通信及航天设备的正常工作，使卫星上的精密电子仪器遭受损害、地面电力控制网络发生混乱，甚至可能对航天飞机和空间站中宇航员的生命构成威胁。

    2000年起，伴随着太阳黑子的增多，太阳活动又一次进入活跃期，2001年9月下旬，太阳发生了一次强烈的X射线爆发和质子爆发，达到正常流量的10000倍，对跨越极地地区的短波通信、广播等造成一定影响。

2000年全球地震加剧与太阳风暴影响地球磁场有关。有的科学家把太阳风暴比喻为太阳打"喷嚏"，太阳一打"喷嚏"，地球往往会发"高烧"。

风是好东西，空气的流动可以使不同地区的空气组成趋向均一，可以减少温差，可以传播花粉等，但风灾，如龙卷风、热带气旋、台风、风暴潮往往造成生命财产的巨大损失。雨也是我们所不可或缺的，但是频繁的洪涝灾害，对人类正常的生产、生活的破坏也是严重的。

全球气候变暖

人为的因素往往加剧自然灾害，除污染问题外，突出的问题是温室效应，大气层中日益增多的二氧化碳、甲烷等能阻挡地球热量的散发，如同温室的塑料薄膜。近年来，全球的政府机构和科学家都十分关注地球气候变暖的问题，据观测从19世纪末开始全球平均气温上升了0.3至0.6℃，而且正在不断加剧。

大多数科学家认为主要是大量温室气体排放造成的温室效应。20世纪的90年代，全球发生的重大气象灾害比50年代多5倍，因此造成的年均经济损失也从60年代的40亿美元飙升至290亿美元。专家预言若不采取措

工业生产
排放的有毒有
害的气体导致
气候变暖

施，在未来的100年中全球平均气温可能上升1.4至5.8℃，这将使极端天气和气候事件更为频繁，严重威胁全球社会经济的可持续发展。

气候持续变暖将导致海平面升高。有一份以3000名科学家的调查为基础撰写的报告，预言21世纪海平面将显著上升。首当其冲的是太平洋岛国图瓦卢，目前海水已经侵蚀了图瓦卢1%的土地，如果地球环境继续恶化，在50年之内，图瓦卢9个小岛将全部没入海中，这个国家在世界地图上将永远的消失。

20世纪开始，由于人类活动等原因，地球上空的臭氧层变薄并出现空洞，太阳辐射中的紫外线失去阻挡、大量到达地面，人类和生物将因此而受到过强紫外线的伤害。

日食形成的原因

日食奇观

　　有时候，太阳高悬在天空中，光芒四射，好端端的一个大白天，但是忽然太阳缺了一大半，变成了月牙形，甚至完全不见了。于是，天地间出现了夜色，星星也在眨眼。过一会儿，太阳慢慢地又出现了，一切都和平时一样，这是怎么回事呢？这就是发生了日食。

　　世界上公认的最早的日全食文字记录在中国古文献《尚书·胤征》里。据该书记载：夏朝仲康时代，当时掌管天文的羲和家族中有个官员因沉湎于饮酒、懈怠职守，没有预报即将发生的一次日食，因而引起人们惊惶。国君仲康认为这是严重失职，便将羲和处死。科学家们推算，这是发生在公元前2137年10月21日的一次日全食。

日全食发生时的景观

日全食发生到食甚时的情景

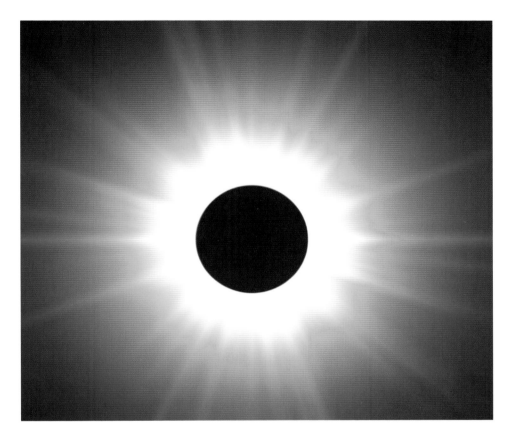

关于日食的古老传说

在世界各国的一些古老传说里，都提到日食是怪物正在吞食太阳。

古代斯堪的纳维亚人认为日食是天狼食日；越南人说那食日的大妖怪是只大青蛙；阿根廷人说那是只美洲虎；西伯利亚人说是个吸血僵尸；印度人则说是怪兽。

古埃及的太阳教徒相信，存在着一条可以吞食太阳神的蟒蛇。另有些埃及传说记载，日食的发生是因为一只想在天庭称霸的秃鹰企图夺走太阳神的光芒。

印加人的神话中有只能通过甩尾巴来呼风唤雨的猫，而日食和月食正是这只神猫发怒的表现。

墨西哥印第安人每见日食，女人都歇斯底里地惊叫，因为他们认为这是魔鬼即将降临世间吃掉人类的信号。

美国的奥吉布瓦印第安人在日食发生时会向天空发射带火焰的箭，意

图是"再度点燃"太阳。而非洲的一些民族则认为，太阳和月亮本是一对恋人，他们追逐时就发生了日食。

古人对日食的解释

在古时候，人们由于不了解产生日食的原因，对日食的现象感到十分不解和神秘，日食的发生还制止了一场旷日持久的战争。

公元前585年，有一天，在爱琴海东岸，米迪斯人和吕底亚人正在交战，双方打得难分难解。忽然天空中的太阳不见了，战场顿时失去了平时的光明，天昏地暗。双方的首领都十分惊恐，认为这是上天对他们的惩戒，于是，都一致同意放下武器，平心静气地订立了和平条约，结束了一场持续5年之久的战争。据推算，这次日食发生在那年的5月28日。

古人对日食的现象还作了种种有趣的解释。比如我国大多数地区传说是"天狗"吃掉了太阳，有的地区还传说是青蛙或豹子吃了太阳。因此，每当发生日食的时候，人们都要敲锣打鼓以吓跑天狗，营救太阳。

日食产生的原因

现在，科学家已弄清了日食产生的原因。我们知道，月球本身不会发光，因此在太阳的照射下，在它的背面会有一条长长的影子。当月球绕地球公转转到太阳和地球的中间时，这时太阳、月球和地球恰好处在一条直线上，月球便挡住了部分照到地球上的光线，或者说，月球的影子投射到地球上。这样，在月影扫过的地区，人们就会看到日全食。

日食在一年里一般会发生两次，有时也会发生3次，最多会发生5次，不过这是针对全地球而言，在地球上某个具体地方就很难碰到多次观日食的机会。

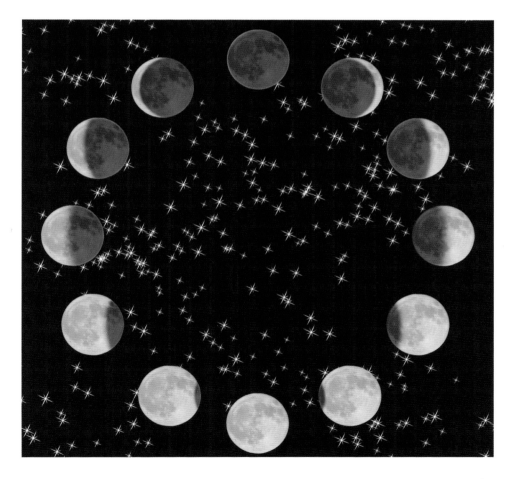

恒星起源的假说

恒星产生的两种假说

　　一种是"超密说"。它是由苏联著名天文学家阿姆巴楚米扬在1955年提出的。他认为，恒星是由一种神秘的"星前物质"爆炸而形成的。具体地讲，这种星前物质体积非常小、密度非常大，但它的性质人们还不清楚。不过，多数科学家都不接受这种观点。

　　与"超密说"不同的是"弥漫说"。其主旨认为恒星是由低密度的星际物质构成。它的渊源可以追溯至18世纪康德和拉普拉斯提出的"星云假说"。星际物质是一些非常稀薄的气体和细小的尘埃物质，它们在宇宙中

各处构成了庞大的像云一样的集团。

星云是构成恒星的物质

从观测来看，星云分为两种：被附近恒星照亮的星云和暗星云。它们的形状有网状、面包圈状等，最有名的是猎户座的暗湾，其形状像一匹披散着鬃毛的黑马的马头，因此也叫马头星云，而美国科普作家阿西莫夫说它更像迪士尼动画片中的大灰狼的头部和肩部。星云是构成恒星的物质，但真正构成恒星的物质非常大，构成太阳这样的恒星需要一个方圆900亿千米的星云团。

星云聚为恒星的过程

从星云聚为恒星分为快收缩阶段和慢收缩阶段。前者历经几十万年，后者历经数千万年。星云快收缩后形成一个星胚，这是一个又浓又黑的云团，中心为一密集核。

此后进入慢收缩，也叫原恒星阶段，这时星胚温度不断升高，高到一定的程度就要闪烁身形，以示其存在，并步入幼年阶段，但这时发光尚不稳定，仍被弥漫的星云物质所包围，并向外界抛射物质。

陨星坠落
会伤人吗

陨星产生的影响

在地球的历史上，发生过巨陨星陨落而导致地球灾变的事件。譬如，大约6000万年前，一颗质量为几十亿吨的陨星坠入地球，从而导致许多物种灭绝。1908年发生的通古斯爆炸事件及类似的一些全球性现象，更加证明了小彗星与地球相撞的事实。

极小陨星的陨落能对地球人类现实生活产生什么样的影响？这一问题是加拿大国家调查局天体物理学研究所的几位学者提出的。

陨星坠落的概率

研究人员在9年时间里，借助60部摄像机在加拿大西部进行了观测。积累的大量资料得以计算出陨星陨落的概率，即取决于陨星的质量。据此推测，陨星的总质量是摄像机所拍摄到的最大陨星残块的两倍

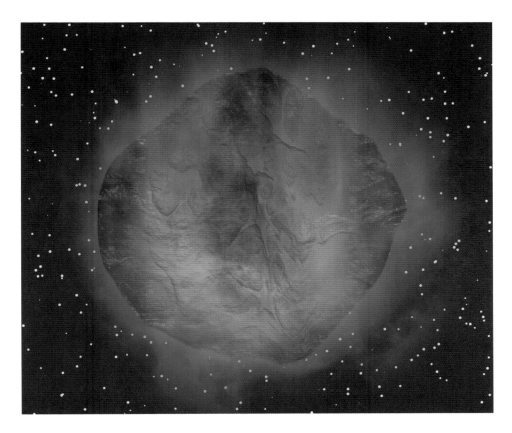

多。实际上，每年平均有大约39颗质量不小于100克的陨星落入100万平方千米的陆地上，那么每年有大约5800颗陨星落入地球的陆区表面。

陨星击中人群或房屋的概率有多大呢？研究人员作出许多推断：若按每一个人占0.2平方米的面积计算，落到人身上的最小陨星残块的平均重量不超过几克。通常200克以上的陨星块才能击穿屋顶和天花板。如果陨星的总重量为500克，那么5个残块中每一个都能击穿屋顶，但是，质量较小的陨星残块就不会导致这一后果。

陨星坠落事件

公元前3123年6月29日，一颗1600米长的陨星坠落在索达姆地区，导致数千人死亡，对100平方千米范围内造成了破坏性的打击。这次陨星碰撞相当于100万千克以上的TNT炸药爆炸，形成了迄今世界上巨大的山崩事件之一。

1954年11月30日，在美国亚拉巴马州的一个小城，一块重3900克的

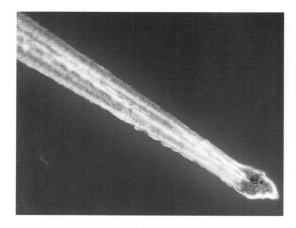

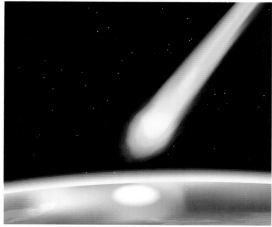

陨石残块击穿了屋顶和天花板，击伤了一名妇女。由此可见，观测与计算是相符的，不过陨星陨落直接伤人的事件是极为罕见的。

当然也有例外。2013年2月15日发生在俄罗斯车里雅宾斯克州的天体坠落事件就造成1000多人受伤。据称，它在穿越大气层时摩擦燃烧，发生爆炸，产生大量碎片，形成了"陨石雨"。

陨星落到屋顶的事件也时有发生。最近20多年里，在美国和加拿大发生的陨星陨落的事件中，只有7起事件造成房屋严重受损，受损的房屋通常都是楼房和汽车库的屋顶。另外两起由于陨星质量小未能损坏屋顶。还有一颗重1300克的陨星击中一个邮箱，使它严重变形。

如果考虑到一部分陨星因坠落到公共设施和工厂厂房的屋顶而不被注意，那么预测概率为：年均0.8次或20年间16次落到屋顶。

科学家的结论

直至最近，阿根廷陨星场一直被认为是世界上最大的，面积约为60平方千米。

科学家在埃及的发现意义重大。以前，人们所知的

陨星场几乎都是由单个陨星残骸撞击地面所形成，即陨星在进入了厚厚的大气层时，一块陨星碎成了几块。但此次科学家们在埃及发现的陨星场有所不同，它不是单个而是由几个陨星同时坠落造成的。

科学家在用外推法分析和研究了所获得有关世界人口和各大陆的资料，进而得出一个结论：在世界50亿人口中，质量不小于100克的陨星陨落事件的概率为10年1人次。而陨星击穿屋顶的概率，也不过年均16座房屋而已。

令人意外的
流星之声

流星坠地发出声音

流星竟然会发声，似乎闻所未闻。然而这确是事实！伊西利库尔是一座小城，位于俄罗斯辽阔的西伯利亚平原。那是许多年前的一个寒冷的冬夜，城里的大街小巷堆满了积雪。在这片雪原的上空是繁星闪烁的天宇，四周一片寂静。

突然，从天宇的某个地方，传来了一声尖锐刺耳的裂帛声。人们翘首远眺，只见一颗璀璨的流星，散射着金黄色的光芒像箭一般地掠过长空。流星留下了一条长而发亮的轨迹。与此同时，那种裂帛似的声音也随之消失掉，小城的雪夜又恢复了寂静。

人们对于流星并不陌生的，然而有一点却使人感到困惑不解：伊西利库尔人是先听到了奇怪的声音，然后才看到流星的，这到底是怎么回事呢？众所周知，流星以飞快的速度进入大气层后，和空气发生剧烈的摩擦，很快便烧成一团火球。绝大多数流星在60至130千米处的高空就已燃烧殆尽，只有极少数到20至40千米的高空处才烧完。而声音在大气中的传播速度是330米/秒，因此从那么高的地方传送到我们耳边的时间至少需要1分钟，更准确地说要在3至4分钟之后。可问题是，当流星飞过天空的同时，人们听到了它所发出的刺耳的声响。就像在看见闪电的同时就听到雷声，表明这个雷就落在你的身旁。难道这颗流星是在离你的头顶不过几十米的空中飞过去的吗？这显然不可能！

关于流星声音的记载

尽管许多人认为同时看到和听到流星是完全不可能的，然而世界各地的研究者们积累下来的这类材料却越来越多，许多史册中也有类似的记载。为了研究这一奇特现象，俄罗斯著名科学家德拉韦尔特教授收集了大量伴有反常声音的流星资料，并给这种奇怪的流星起了一个确切的名字——电声流星。

在德拉韦尔特教授所整理的电声流星纪录表中，有这样几段有趣的记载：1706年12月1日，托波尔斯克城的一位居民

在流星飞过时，听到了一阵刺耳的"沙沙"声。1973年8月10日，鄂木斯克省的格卢沙科夫看到漆黑的夜空中突然闪出一道白色的电光，照得四周亮如白昼。在流星飞行的15至18秒钟期间，一直可以听到嘈杂的响声，好像一只巨大的猛禽从高空中猛扑下来一样。

有趣的是，著名的通古斯陨星和锡霍特阿林陨星陨落时，许多目击者都听到了类似群鸟飞行的嘈杂声和蜂群扇翅的"嗡嗡"声。这些不寻常的声音在被人们听到之前都走过了50至200千米的一段距离，最多的可达到420千米，"正常的"声音大约要经过21分钟才能传送到，实际上，等不到它们到达我们的耳边，就会在路途衰减乃至消失了。可奇怪的是，在许多情形下，电声流星的"信号"甚至还要早于流星本身而率先出现。目击者们往往都是听到声音之后，循声望去，这时才看见空中出现了流星。

流星发声之谜

专家认为，所有这一切的谜底就在于流星飞行时所发出的电磁波。这些电磁波以光速传播，有些人的耳朵能通过某种我们目前还不知道的方式把这种电磁振荡转换成声音，转换的方式因人而异，各人听到的声音自然也不相同。可是对另外许多人来说，就完全没有这种"耳福"了。科学家曾做过一个试验，使用大功率的高频发射机从300米外向受试者发射高频电波，结果他们都听到了"嗡嗡"声、弹指声和敲打声。

但受试者强调说，这些声音仿佛是从"头里面"发出来的，然而电声流星的声音却是有着明确的"外来性"，差不多正常的耳朵都能够感受到。这表明电磁波假说也有难以自圆其说之处，可见要揭示此奥秘的成因并非易事。流星之声的形成机制究竟如何，至今仍是一个谜。

Tan Mi
Tai Kong Zhong De
Yin Li Ti

探秘太空中的引力体

哈勃流受到巨大扰动

1968年以来，国际天文研究小组的"七学士"，即天文学家费伯和他的同事们在观测椭圆星系时发现，哈勃星系流正在受到很大的扰动。

所谓哈勃星系流就是指宇宙所表现出来的普遍膨胀运动，有时简称哈勃流。这是根据著名的哈勃定律、由观测星系位移现象所知晓的。哈勃流

受到巨大扰动这一现象说明，我们银河系南北两面数千个星系除参与宇宙膨胀外，还以一定的速度奔向距离我们有1.05亿光年的半人马座超星系团的方向。

天文学家的研究

是什么天体具有如此大的吸引力呢？天文学家们经分析认为，在长蛇座–半人马座超星系团以外约5亿光年处，可能隐藏着一个非常巨大的"引力幽灵"——"大引力体"，或称"大吸引体"。有人用电子计算机进行理论模拟显示，发现这个神秘的大引力体使我们的

银河系大约以170千米/秒的速度向室女星系团中心运动。与此同时，我们周围的星系也正以约1000千米/秒的速度被拖向这个尚未看见的"大引力体"。有人推测，这个大引力体的直径约2.6亿光年，质量达3×10^{16}个太阳质量。距离我们大约1.3亿光年。我们处于大引力体的外层边缘。

天文学家的争议

　　但是，也有人否定这个"引力幽灵"的存在。伦敦大学的天文学家罗思·鲁宾逊在仔细观察1983年发射的国际红外天文卫星发回的2400张星系分布照片后断定，已观测到的星系团，如宝瓶座、长蛇座–半人马座等比以前人们认识的要大得多，这些星系团中存在着足够的物质，也足以产生拉拽银河系的引力，而不是什么别的"大引力体"。

Xing Xing
Wei He Hui
Shan Shuo

星星为何
会闪烁

白天为何不见星星

在我们的地球，白天一般是不会看到星星的，那是因为地球的大气层在作怪，它把阳光散射到四面八方，而星星是那么暗淡，所以难以显露出来。但这并不表明，在白天我们的头顶上没有星星。

事实上，在日全食时太阳被全部挡住的几分钟内，星星就会像在夜晚那样闪烁不停。再如无论是在航天飞机上的宇航员，还是在空间轨道站上

在夜空
中闪烁发光
的星星

的宇航员，由于他们摆脱了大气的羁绊，所以他们就在阳光明媚的大白天见到了满天星斗。

由于太阳依然让人无法正视，周围没有了空气，所以在太阳的身旁不远处就有群星在争辉。因此，他们见到的白天与地面上是完全不同的。

星光为何闪烁不停

星光闪烁不停的真正原因是在于地球的大气层。大气的流动性非常强，而各处的气流因温度、湿度、压力、风向等多种因素的作用，总在不停地流动着，有些气流还特别不规则，每时每刻都在变化。正因为恒星面前的空气流动情况在不断变化，就会使星光受到不规则的扭曲，于是星光就显得闪烁了而这也往往成为识别行星的一个方法，即行星的光一般是稳定不闪的。

天上有多少颗星星

天空中究竟有多少颗星星？迄今为止，没有任何一位科学家能准确回答的问题。但是，最近有了相对准确的答案：宇宙中大约有7×10^{22}颗星星。这个数字是澳大利亚国立大学天文学和天体物理学研究院的西蒙·德赖弗教授及其研究小组计算出来的。

西蒙・德赖弗教授及其研究小组的人员，使用世界上最先进的射电望远镜，首先计算出离地球较近的一片空间里有多少个星系。然后，通过测量星系的亮度，估计出每个星系里有多少颗星星。接下来，再根据这个数字来推断在可见的宇宙空间里有多少颗星星。专家认为，这是迄今为止最先进的计算方法。

在国际天文学界一致高度评价这个研究成果的同时，西蒙・德赖弗教授说："$7×10^{22}$颗星星，并不是整个宇宙的星星数量，而是在现代望远镜力所能及的范围内计算出相对准确的数字，真正的数字会比这个大得多。"

这和我们的银河系有关，因为我们所看到的星星，差不多都是银河系里的星星。

为什么夏天晚上星星多

整个银河系至少有1000亿颗恒星，它们大致分布在一个圆饼状的天空范围内，这个"圆饼"的中央比周围厚一些，光线从"圆饼"的一端跑到另一端要10万光年。

我们的太阳系是银河系里的一员，太阳系所处的位置并不在银河系的中心，而是在距银河系中心约2.5万光年的地方。

当我们向银河系中心方向看时，可以看到银河系恒星密集的中心部分和大部分银河系，因此看到的星星就多；向相反方向看时，看到的只是银河系的边缘部分，看到的星星

就少得多。

　　地球不停地绕太阳转动，北半球夏季时，地球转到太阳和银河系中心之间，银河系的主要部分——银河带，夜晚正好出现在我们头顶上的天空；在其他季节里，这段恒星最多、最密集的部分，有的是在白天出现，有的是在清晨出现，有的是在黄昏出现，有时它不在天空中央而是在靠近地平线的地方，这样就不容易看到它。所以，在夏天晚上我们看到的星星比冬天晚上看到的要多一些。

Mai Chong Xing
De
Deng Ta Xiao Ying

脉冲星的
灯塔效应

脉冲周期

　　脉冲星有个奇异的特性，即有着短而稳的脉冲周期。所谓脉冲就是像人的脉搏一样，一下一下出现的短促的无线电信号，如贝尔发现的第一颗脉冲星，每两脉冲间隔时间是1.337秒，其他脉冲还有短到0.0014秒的，最长的也不过11.765735秒。

　　那么，这样有规则的脉冲究竟是怎样产生的呢？

灯塔效应

天文学家经过研究指出，脉冲的形成是由于脉冲星的高速自转。原理就像我们乘坐轮船在海里航行时看到过的灯塔一样。设想一座灯塔总是亮着并且在不停地旋转，灯塔每转一圈，由它窗口射出的灯光就射到我们的船上一次，在我们看来，灯塔的光就会连续地一明一灭。

脉冲星每自转一周，我们就接收到一次它辐射的电磁波，于是就形成一断一续的脉冲。脉冲这种现象，也就称为灯塔效应。脉冲的周期其实就是脉冲星的自转周期。

中子星的亮斑

灯塔的光只能从窗口射出来，是不是说明脉冲星也只能从某个窗口射出电磁波呢？

正是这样！脉冲星就是中子星，而中子星与其他星体发光不一样，太阳表面到处发亮，中子星则只有两个相对的小区域才能发出辐射，也就是

说中子星表面只有两个亮斑，别处都是暗的。

中子星的窗口

这是什么原因呢？原来，中子星本身就存在着极大的磁场，强磁场把辐射封闭了起来，使中子星辐射只能沿着磁轴方向从两个磁极区出来，这两个磁极区就是中子星的窗口了。

中子星的辐射从两个窗口出来后在空中传播，形成两个圆锥形的辐射束。若地球刚好在这束辐射的方向上，我们就能接收到辐射，并且中子星每转一圈，这束辐射就扫过地球一次，也就形成了我们接收到的有规则的脉冲信号。

专家的讨论

几乎所有的专家都认同上述这种灯塔模型。但是也有离经叛道的不同意见被提了出来。新的观点认为脉冲星的发光不是源自它的磁极，而是来自它的周围。因为，脉冲星发出脉冲光是因为它的磁场在高速地翻转振荡，激变的磁场造成星体周围出现了极高的感生电场。这个感生电场的峰值出现在磁场过零点附近，并且加速带电粒子使其发出同步辐射。这就可以解释脉冲信号的产生机理。

灯塔模型是现在最为流行的脉冲星模型，而磁场震荡模型还没有被普遍接受。

脉冲星的发现

1967年10月，英国剑桥大学卡文迪什实验室的安东尼·休伊什教授的研究生、24岁的乔丝琳·贝尔检测射电望远镜收到的信号时无意中发现了一些有规律的脉冲信号，它们的周期十分稳定，为1.337秒。起初她以为这是外星"小绿人"发来的信号，但在接下来不到半年的时间里，又陆陆续续发现了数个这样的脉冲信号。

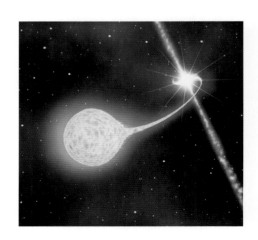

后来，人们确认这是一类新的天体，并把它命名为脉冲星。脉冲星与类星体、宇宙微波背景辐射、星际有机分子一道，并称为20世纪60年代天文学"四大发现"。

安东尼·休伊什教授本人也因脉冲星的发现而荣获1974年的诺贝尔物理学奖。至今，脉冲星已被我们找到了1600多颗，并且已得知它们就是高速自转着的中子星。

脉冲双星是1974年由美国马萨诸塞大学的罗素·胡尔斯和约瑟夫·泰勒使用位于波多黎各的阿雷西博射电望远镜发现的。胡尔斯当时是研究生，主持一项用该望远镜搜索脉冲星计划的日常工作。他的导师泰勒则是这一计划的总负责人。1974年，他们在那个夏天的发现和研究成果异常重要，并于1993年双双因脉冲双星研究而获诺贝尔奖。

Yun Shi
Dai Lai De
Xin Xi
| 陨石带来的
信息

陨石是个活标本

目前，除从月球取回的少量岩石外，陨石是我们获取的唯一的地外固体物质。弄清各类陨石的成分有很重要的科学意义。

陨石是太阳系中最古老、最原始的天体物质，它的年龄与地球相当，约为46亿年，而地球上现存最古老的岩石也只有39亿年，因此陨石是研究地球形成及生命起源不可多得的活标本。

我国南京天文台的陨石专家王思潮，在于1983年落到我国陕西宁强县的陨石中发现了有机物。这不仅意味着地球之外存在着生命的痕迹，还表示地球生命起源的另外的一种可能：陨石等外星体从太空带来生命有机物，这些种子在地球的适宜环境中得以发展演化，从而形成地球上的生命世界。

陨石从哪里来

地球上的人不断接待陨星这类宇宙来客，所以人们很想知道这些神秘客人的故乡在什么地方。多数人认为，陨石的故乡是太阳系的小行星带。小行星沿着椭圆形的轨道围绕太阳运行，当它们接近地球时，有些便告别了家乡，前来拜访地球。

也有人认为，陨石是由彗星转变来的。因为有些彗星只有彗核，没有彗发和彗尾，这就很难将其与小行星分辨开来。

有些人对陨石的来源问题采取了折中态度，认为一部分来自小行星、一部分来自彗星。因为彗星、小行星和陨石之间并没有严格的界限，它们之间可以互相转化。综合起来看，后一种说法比较接近问题的实质。

Yun Cai Neng Yu Bao Di Zhen Ma | 云彩能预报地震吗

有关地震云研究的历史

世界各国对于地震云的研究还是最近几年开始的事，其中我国和日本处于领先地位。

我国对地震云的研究始于1976年唐山大地震之后，目前利用地震云预报地震成功的例证有十几个，日本成功的例证有上百个。有趣的是，首先提出"地震云"这个名字的不是地震学者，而是个政治家，他就是日本前

奈良市市长键田忠三郎，他曾经亲身经历过1948年日本福井的7级地震，并且在地震时亲眼看到天空中有一种非常奇特的云，以后只要这种云出现，总有地震相应发生，所以他就把这样的云称为"地震云"。

地震云既可以在地震前出现，也可以在地震之后出现。通常我们把地震前出现的地震云叫"前兆云"或"震前云"，把地震后出现的地震云叫"震后云"。震前云与震后云都具有地震云的形态，但两者是有区别的，主要区别是震前云的结构厚实、有力度；震后云的结构松散、无力度，给人的感觉是有形无实，即有地震云的外形，但没有震前云的力度。震前云多出现在高空，震后云多出现在低空。当我们看见地震云时，首先要识别它是震前云还是震后云。

地震云与地震的关联

1976年7月28日我国唐山地震时，就在7月27日傍晚，远在日本九州大隅的真锅大觉教授，发现天空中出现了一条异常的长长的云彩，并用相机

由强冷空
气入侵引起的
鱼鳞云

拍摄下来。经研究，这条异常的长条云，就是唐山发生地震的前兆云。

1977年12月20日中午前后，中国科学院物理研究所吕大炯先生在北京密云水库附近的山坡上，从正南方向观测到一条仰角较低、东西走向、呈灰白色的带状云。他又发现近两日来，基岩电与基岩应变都发生突跳，经过计算，他发布了在日本、阿留申一带可能于当日21时25分前后发生 6.0 ± 0.5 级的地震，以及在次

日5时35分前后发生6.8±0.5级地震的预报。结果预报正确，在日本小笠原一带，当日16时56分发生5.8级地震，次日9时6分发生6.5级地震。

据推论，这种地震云很可能不单单是地震预兆云，更是直接导致地震的罪魁祸首之一。这种异常的长条状地震云极可能是在地内强电场的感应下聚集形成的某种符号的电荷占优势的等离子体云。这种外形似稻草绳状的带状云极可能充当了地内电场电路中的导线，将电离层等离子体向震区另一种符号的电荷占优势的地内电场输送，成为地内正负电荷发生复合放能的"导火索"。

地震云预报地震

1978年3月6日，日本奈良市市长键田忠三郎在举行记者招待会时，他指着北方天空的一缕云说："这就是地震云，不久将会有一次影响日本广大地区的强烈地震。"就在第三天，靠近日本的大海里果然发生了一次7.8级地震。

利用地震云来预报地震引起了学术界的重视。由于这种方法观察方便、无须任何设备，所以不仅受到专业地震工作者的重视，一些业余爱好者也都跃跃欲试，想验证一下这种方法的正确程度。

Jie Kai

Yun De Ao Mi

揭开
云的奥秘

云的形成

云是地球上庞大水循环的有形的结果。太阳照在地球的表面，水蒸发形成水蒸气，一旦水汽达到饱和，水分子就会聚集在空气中的微尘周围，由此产生的水滴或冰晶将阳光散射到各个方向，这就产生了云的外观。

因为云反射和散射所有波段的电磁波，所以云的颜色呈灰色，云层比较薄时呈白色，但是当它们变得太厚或浓密而使得阳光不能通过的话，它们看起来是灰色或黑色的。

一方面，从地面向上10多千米这层大气中，越靠近地面，温度越高，空气也越稠密；越往高空，温度越低，空气也越稀薄。

另一方面，江河湖海的水面，以及土壤和动、植物体中的水分，随时蒸发到空中变成水汽。

水汽进入大气以后，成云致雨，或凝聚为霜露，然后又返回地面，渗入土壤或流入江河湖海。以后又再蒸发，再凝结下降。就这样周而复始，循环不已。

水汽从蒸发表面进入低层大气后，这里的温度高，所容纳的水汽较多，如果这些湿热的空气被抬升，温度就会逐渐降低，到了一定高度，空气中的水汽就会达到饱和。

如果空气继续被抬升，就会有多余的水汽析出。如果那里的温度高于零度，则多余的水汽就凝结成小水

滴；如果温度低于零度，则多余的水汽就凝化为小冰晶。在这些小水滴和小冰晶逐渐增多并达到人眼能辨认的程度时，就是云了。其他行星的云不一定由水组成，如金星的硫酸云。

云的成因分类

云形成于潮湿空气上升并遇冷时的区域。锋面云：锋面上暖气团抬升成云；地形云：当空气沿着正地形上升时形成的云；平流云：当气团经过一个较冷的下垫面时形成的云，例如一个冷的水体；对流云：因为空气对流运动而产生的云；气旋云：因为气旋中心气流上升而产生的云。

云的形态分类

云主要有三种形态：一大团的积云、一大片的层云和纤维状的卷云。

科学上云的分类最早是由法国博物学家让·巴普蒂斯特·拉马克于1801年提出的。1929年，国际气象组织以英国科学家路克·何华特在1803年制订的分类法为基础，按云的形状、组成、形成原因等把云分为十大云属。而这十大云属则可按其高度把它们划入三个云族：高云族、中云族、低云族。另一种分法则将积雨云从低云族中分出，称为直展云族。这里使用的云的高度仅适用于中纬度地区。

高云族

高云形成于6000米以上高空，对流层较冷的部分。分三属，都是卷云类的。在这种高度的水都会凝固结晶，所以这一族的云都是由冰晶体组成。高云一般呈纤维状，薄薄的并多数透明。高云族又分为卷云、卷积云、卷层云三类。

卷云，即具有丝缕状结构，柔丝般光泽，分离散乱的云。卷积云，即似鳞片或球状细小云块组成的云片或云层，常排列成行或群，很像轻风吹过水面所引起的小波纹；白色无暗影，有柔丝般光泽。卷层云，即白色透明的云幕，日、月透过云幕时轮廓分明，地物有影，常有晕环。

中云族

中云于2500至6000米的高空形成。它们是由冷冻的小水点组成。中云族分为高积云、高层云两类。

高积云，即云块较小，轮廓分明，常呈扁圆形、瓦块状、鱼鳞片，或是水波状的密集云条。常成群、行、波状排列。薄的云块呈白色，厚的云块呈暗灰色。在薄的高积云上常有虹彩，或颜色为外红内蓝的华环。高积云可与高层云、层积云、卷积云相互演变。

　　高层云，即带有条纹或纤缕结构的云幕，有时较均匀，颜色灰白或灰色，有时微带蓝色。透过薄的高层云，可以看到昏暗不清的日月轮廓，好像隔了一层毛玻璃。厚的高层云，则底部比较阴暗，可遮住日、月。由于云层厚度不一，各部分明暗程度也就不同，但是云底没有显著的起伏。高层云可连续或间歇性地降雨、雪。若有少量雨降下时，云底的条纹结构仍

可分辨。高层云常由卷层云变厚或雨层云变薄而成。有时也可由蔽光高积云演变而成。

低云族

　　低云在2500米以下的大气中形成。当中包括浓密灰暗的层云、层积云和浓密灰暗兼带雨的雨层云。层云接地就被称为雾。低云族分为雨层云、层积云、层云、积云、积雨云。

　　雨层云是厚而均匀的降水云层，完全遮蔽日、月，呈暗

灰色，满布全天，常有连续性降水。雨层云多数由高层云变成，有时也可由蔽光高积云、蔽光层积云演变而成。

层积云，即由团块、薄片或条形云组成的云群或云层，常成行、群或波状排列。云块体积都相当大，其视宽度角多数大于5°。云层有时满布全天，有时分布稀疏，常呈灰色、灰白色，常有若干部分比较阴暗。层积云有时可降雨、雪，通常量较小。层积云除直接生成外，也可由高积云、层云、雨层云演变而来，或由积云、积雨云扩展或平衍而成。

层云，指低而均匀的云层，像雾，但不接地，呈灰色或灰白色。层云除直接生成以外，也可由雾层缓慢抬升或由层积云演变而来。可降毛毛雨或小雪。

直展云族

直展云有非常强的上升气流，所以它们可以一直从底部升到更高处。带有大量水滴和雷暴的积雨云可以从接近地面的高度开始，然后一直发展至25000米的高空。在积雨云的底部，当下降中较冷的空气与上升中较暖的空气相遇就会形成像一个个小袋的乳状云。薄薄的幞状云则会在积雨云

膨胀时于其顶部形成。直展云族可分为积云、积雨云两类。

积云，即垂直向上发展的顶部呈圆弧形或圆拱形重叠凸起而底部几乎是水平的云块。云体边界分明，如果积云和太阳处在相反的位置上，云的中部比隆起的边缘要明亮；反之，如果处在同一侧，云的中部显得黝黑但边缘带着鲜明的金黄色；如果光从旁边映照着积云，云体明暗就特别明显。积云是由气团上升水汽凝结而成。

积雨云，即云体浓厚庞大，垂直发展极盛，远看很像耸立的高山。云顶由冰晶组成，有白色毛丝般光泽的丝缕结构，常呈铁砧状或马鬃状。云底阴暗混乱，起伏明显，有时呈悬球状结构。积雨云常产生雷暴、阵雨。有时产生飑或降冰雹。云底偶有龙卷产生。

此外，还有凝结尾迹、夜光云等。凝结尾迹是指当喷气飞机在高空飞过时所形成的细长而稀薄的云。夜光云则非常罕见，它形成于大气层的中间层，只能在高纬度地区看到。

看云朵识天气

最轻盈、站得最高的云，叫卷云。这种云很薄，阳光可以透过云层照到地面，房屋和树木的光与影依然很清晰。卷云丝丝缕缕地飘浮着，有时像一片白色的羽毛，有时像一缕洁白的绫纱。如果卷云成群成行地排列在空中，好像微风吹过水面引起的鳞波，这就成了卷积云。

卷云和卷积云都很高，那里水分少，它们一般不会带来雨雪。还有一种像棉花团似的白云，叫积云。它们常在2000米左右的天空，一朵朵分散着，映着灿烂的阳光，云块四周散发出金黄色的光辉。积云都在上午出现，午后最多，傍晚渐渐消散。

在晴天，我们还会偶见一种高积云。高积云是成群的扁球状的云块，排列很匀称，云块间露出碧蓝的天幕，远远望去就像草原上雪白的羊群。卷云、卷积云、积云和高积云都是很美丽的。

当那连绵的雨雪将要来临的时候，卷云在聚集着，天空渐渐出现一层薄云，仿佛蒙上了白色的绸幕，这种云叫卷层云。

卷层云慢慢地向前推进，天气就将转阴。接着，云层越来越低，越来越厚，隔着云看太阳或月亮，就像隔了一层毛玻璃、朦胧不清。这时卷层云已经改名换姓，该叫它高层云了。

出现了高层云，往往在几个小时内便要下雨或者下雪。最后，云压得更低，变得更厚，太阳和月亮都躲藏了起来，天空布满暗灰色的云块，这种云叫雨层云。雨层云一旦形成，连绵不断的雨雪天气也就降临了。

| # 气候与太阳有关吗

气候的变化

寒冷的冬天，人们进屋后总要烤烤火炉或暖气。而且大家都懂得，离火炉或暖气越近，温度越高；离火炉或暖气越远，温度越低。

地球在公转过程中离太阳的距离在不断发生变化。每年1月3日是日地距离最近的一天，7月4日是日地距离最远的一天。按理说，应该1月份热，7月份冷，可是，实际情况却恰恰相反。

其实，地球离太阳实在是太远了，两者平均距离是1.5亿千米，而日地之间最远和最近的时候只相差500万千米。这个距离，对于地球获得太阳热量的影响是不大的。

上图：高山地区地势高的地方因大气稀薄，所以比较寒冷

下图：平原地区因大地吸热能力较强，所以比较暖和

高山上为何比山下冷

那么，高山上离太阳近，为什么要比山下冷呢？这是因为地球周围的大气是从太阳那里得到热量的，但空气增温不是直接靠太阳辐射，而是靠地面辐射。空气中的水汽、尘埃等对太阳辐射吸收能力很差，对地面辐射的吸收能力却很强。

通俗地讲，太阳先晒热地面，地面再放热，使空气温度增高。地势高的地方虽然离太阳较近，但空气稀薄，吸收太阳和地面的辐射就少。

空气中二氧化碳有吸热保温作用，高原空气稀薄、含二氧化碳少，所以吸热保温能力差；同时，高空气压低，空气体积膨胀，本身还要消耗一部分热量。所以地势越高的地方，气温越低。一般来说，地势每升高100米，气温降低0.6℃。

Li Ming Qian
Wei He
Hui Hei An

黎明前
为何会黑暗

大气的模样

在一昼夜中，有一段时间特别黑暗，这段时间就是黎明之前。要想揭开这一奥秘，得先从大气说起。

我们地球周围的大气是看不见、摸不着的。在大气里有大小不同的各种气体分子、浮尘等，而且越靠近地面，大气中的这些物质越多。在地球上的白天和黑夜之间，总有个过渡阶段，这是由于日出之前和日落之后，